工业和信息化"十三五"人才培养规划教材

C语言
程序设计案例式教程

黑马程序员 / 编著

U0382413

人民邮电出版社
北 京

图书在版编目（ＣＩＰ）数据

C语言程序设计案例式教程 / 黑马程序员编著. --
北京：人民邮电出版社，2017.1（2021.1重印）
工业和信息化"十三五"人才培养规划教材
ISBN 978-7-115-43933-8

Ⅰ. ①C… Ⅱ. ①黑… Ⅲ. ①C语言－程序设计－高等
学校－教材 Ⅳ. ①TP312.8

中国版本图书馆CIP数据核字(2016)第298231号

内 容 提 要

C 语言是编程者的入门语言，也是许多大学的第一门程序设计课程。本书充分考虑到这一点，通过案例式的教学方式，在案例设计上从易到难，循序渐进，让初学者可以在做中学，学中做。

本书共分为 10 章，用案例诠释了 C 语言的基础语法知识和 C 语言核心内容，具体内容包括 C 语言概述、数据类型与运算符、结构化程序设计、函数、数组、指针、字符串、编译和预处理、结构体和共用体、文件等。书中遵循【案例描述】→【案例分析】→【必备知识】→【案例实现】的顺序，全方位进行知识讲解和操作指导。

本书配套教学 PPT、题库、教学视频、源代码、教学案例、教学设计等资源。

本书既可作为高等院校本、专科相关专业的教材，也可作为计算机爱好者的自学读物。

◆ 编　著　黑马程序员
　　责任编辑　范博涛
　　责任印制　焦志炜

◆ 人民邮电出版社出版发行　北京市丰台区成寿寺路 11 号
　　邮编　100164　电子邮件　315@ptpress.com.cn
　　网址　http://www.ptpress.com.cn
　　北京天宇星印刷厂印刷

◆ 开本：787×1092　1/16
　　印张：16.75　　　　　2017 年 1 月第 1 版
　　字数：418 千字　　　2021 年 1 月北京第 12 次印刷

定价：39.80 元

读者服务热线：(010)81055256　印装质量热线：(010)81055316
反盗版热线：(010)81055315
广告经营许可证：京东市监广登字 20170147 号

序 言　　　　　　　　　　　　　FOREWORD

　　江苏传智播客教育科技股份有限公司（简称传智播客）是一家致力于培养高素质软件开发人才的科技公司。经过多年探索，传智播客的战略逐步完善，从 IT 教育培训发展到高等教育，从根本上解决以"人"为单位的系统教育培训问题，实现新的系统教育形态，构建出前后衔接、相互呼应的分层次教育培训模式。

　　一、"黑马程序员"——高端 IT 教育品牌

　　"黑马程序员"的学员多为大学毕业后，想从事 IT 行业，但各方面条件还不成熟的年轻人。"黑马程序员"的学员筛选制度非常严格，包括了严格的技术测试、自学能力测试，还包括性格测试、压力测试、品德测试等。百里挑一的残酷筛选制度既确保了学员质量，也降低了企业的用人风险。

　　自"黑马程序员"成立以来，教学研发团队一直致力于打造精品课程资源，不断在产、学、研 3 个层面创新自己的执教理念与教学方针，并集中"黑马程序员"的优势力量，有针对性地出版了计算机系列教材 90 多种，制作教学视频数十套，发表各类技术文章数百篇。

　　"黑马程序员"不仅斥资研发 IT 系列教材，还为高校师生提供以下配套学习资源与服务。

　　为大学生提供的配套服务

　　1. 请同学们登录"高校学习平台"，免费获取海量学习资源。平台可以帮助高校学生解决各类学习问题。

高校学习平台

　　2. 针对高校学生在学习过程中的压力等问题，我们还面向大学生量身打造了 IT 技术女神——"播妞学姐"，可提供教材配套源代码、习题答案及更多学习资源。同学们快来关注"播妞学姐"的微信公众号。

"播妞学姐" 微信公众号

为教师提供的配套服务

针对高校教学，"黑马程序员"为 IT 系列教材精心设计了"教案+授课资源+考试系统+题库+教学辅助案例"的系列教学资源。高校教师请进入"高校教辅平台"免费使用。

同时，高校教师还可以关注专为 IT 教师打造的师资服务平台——"教学好助手"，获取最新的教学辅助资源。

高校教辅平台

"教学好助手"微信公众号

二、传智专修学院——高等教育机构

传智专修学院是一所由江苏省宿迁市教育局批准、江苏传智播客教育科技股份有限公司投资创办的四年制应用型院校。学校致力于为互联网、智能制造等新兴行业培养高精尖科技人才，聚焦人工智能、大数据、机器人、物联网等前沿技术，开设软件工程专业，招收的学生入校后将接受系统化培养，毕业时学生的专业水平和技术能力可满足大型互联网企业的用人要求。

传智专修学院借鉴卡内基梅隆大学、斯坦福大学等世界著名大学的办学模式，采用"申请入学，自主选拔"的招生方式，通过深入调研企业需求，以校企合作、专业共建等方式构建专业的课程体系。传智专修学院拥有顶级的教研团队、完善的班级管理体系、匠人精神的现代学徒制和敢为人先的质保服务。

传智专修学院突出的办学特色如下。

（1）立足"高精尖"人才培养。传智专修学院以国家重大战略和国际科学技术前沿为导向，致力于为社会培养具有创新精神和实践能力的应用型人才。

（2）项目式教学，培养学生自主学习能力。传智专修学院打破传统高校理论式教学模式，将项目实战式教学模式融入课堂，通过分组实战，模拟企业项目开发过程，让学生拥有较强的工作能力，并持续培养学生的自主学习能力。

（3）创新模式，就业无忧。传智专修学院为学生提供"1 年工作式学习"，学生能够进入企业边工作边学习。与此同时，学校还提供专业老师指导学生参加企业面试，并且开设了技术服务窗口为学生解答工作中遇到的各种问题，帮助学生顺利就业。

如果想了解传智专修学院更多的精彩内容，请关注微信公众号"传智专修学院"。

传智专修学院

　　C 语言是一门通用的计算机编程语言，它功能强大，使用灵活、应用广泛、目标程序效率高、可移植性好，既具有高级编程语言的优点，又具有低级编程语言的许多特点，特别适合编写系统软件。

　　C 语言是最古老的程序设计语言之一，不仅计算机专业，甚至某些非计算机专业都会开设 C 语言课程，它的地位不言自明。然而，如今市面上的许多 C 语言教材存在一个相同的问题：实践不足。这些教材中耗费大量篇幅阐述 C 语言理论知识，实践部分却少之又少，这也导致部分学生虽然学习了全部课程，却对所学知识一知半解，甚至难以实现一个完整的小程序。

为什么要学习本书

　　针对这种现象，传智播客在经过大量调研后，潜心开发，推出一本更符合实际教学需求的图书。本书打破传统的以理论教学为主导的课程思路，改以案例编程为主线，辅以理论指导，让学生在动手实践过程中完成对理论知识的学习。

　　全书内容通俗易懂，难理解之处都配有图示。每个案例都配有完整可用的代码，帮助读者在学习知识的同时，逐步获取编程的能力。

如何使用本书

　　本书在内容布局上分为 2 个线索——案例与知识点。明线上是以各个案例组成全书内容，暗线则是以知识点为线索将教材案例串联起来。

　　全书在案例讲述上遵循【案例描述】→【案例分析】→【必备知识】→【案例实现】的顺序，其中【必备知识】模块是串联全书所有案例的线索，其内容组成了 C 语言的知识体系。

　　本书共分为 10 章，具体内容如下。

● 第 1 章主要介绍了 C 语言的特点和 Visual Studio 开发环境的搭建。通过本章的学习，读者应能掌握 Visual Studio 的安装与使用，并实现第一个 C 语言程序。

● 第 2 章通过 10 个案例讲解 C 语言中的数据类型以及运算符，包括进制、基本数据类型、类型转换、运算符与表达式等。通过本章的学习，读者应能掌握 C 语言中数据类型及运算的相关知识。

● 第 3 章通过 11 个案例讲解算法的基本概念、程序流程图以及 C 语言中最基本的三种流程控制语句。通过对本章案例的学习与实践，读者应该能够熟练地运用 C 语言中的选择、循环语句。

● 第 4 章通过 7 个案例讲解函数的基本定义、函数调用时的数据传递、变量的作用域、函数调用方式等相关知识。通过本章的学习，读者应了解函数的定义方法与调用方式。

● 第 5 章通过 8 个案例讲解一维数组和二维数组的相关知识，包括数组作为函数参数的用法。案例中涉及到了求最值、数列排序算法等方面的知识，灵活掌握这些基本知识有助于后面知识点的学习。

● 第 6 章讲解的指针是 C 语言中最重要，也是最难的一部分，本章通过 7 个案例讲解指针、指针变量、函数指针、字符串指针、二级指针、指针数组、数组指针的定义与使用方法，并讲解了如何使用指针引用一维数组与二维数组，以及如何在堆上分配和回收内存。通过本章的学习，读者应能掌握多种指针的定义与使用方法，并能使用指针优化代码，提高代码的灵活性。

● 第7章结合9个案例讲解C语言中字符串的定义、输入和输出，以及操作字符串的相关函数。字符串的各种操作在实际开发中应用广泛，通过本章的学习，读者应能熟练掌握字符串的相关知识，并灵活运用到实际问题中。

● 第8章通过5个案例讲解预处理的3种方式，分别是宏定义、文件包含和条件编译。熟练掌握这三种预处理方式，将对以后的程序设计大有帮助。

● 第9章通过7个案例讲解结构体和共用体这2种构造类型。通过本章的学习，读者应熟练掌握结构体和共用体的基本概念和使用方法，以及链式存储的相关知识，并将其灵活运用到程序中。

● 第10章通过5个案例讲解C语言中文件的相关概念和文件的相关操作，如文件的打开与关闭、文件的读写、文件中信息的删除等。通过本章的学习，读者应掌握C语言中文件的基本知识与初级操作方式，并能够使用C语言代码操作文件。

如果读者在理解知识点的过程中遇到困难，建议不要纠结于某个地方，可以先往后学习。通常情况下，看到后面对知识点的讲解或者其他小节的内容后，前面看不懂的知识点一般就能理解了。如果读者在动手练习的过程中遇到问题，建议多思考，理清思路，认真分析问题发生的原因，并在问题解决后多总结。

致谢

本书的编写和整理工作由传智播客教育科技股份有限公司完成，主要参与人员有吕春林、马丹、薛蒙蒙、郑瑶瑶、安震南、王保明、刘宗伟等，全体人员在这近一年的编写过程中付出了很多辛勤的汗水，在此一并表示衷心的感谢。

意见反馈

尽管我们尽了最大的努力，但教材中难免会有不妥之处，欢迎各界专家和读者朋友来函给予宝贵意见，我们将不胜感激。您在阅读本书时，如发现任何问题或有不认同之处可以通过电子邮件与我们取得联系。

请发送电子邮件至 itcast_book@vip.sina.com。

黑马程序员
2016-9-8 于北京

目 录 / CONTENTS

专属于教师和学生的在线教育平台

让 IT教学更简单

教师获取教材配套资源

 教案
 授课资源
 考试系统
 在线题库
 教学辅助案例

扫码添加"码大牛"
获取教学配套资源及教学前沿资讯
添加QQ/微信2011168841

让 IT学习更有效

扫码关注"播妞学姐"
免费领取配套资源及200元"助学优惠券"

The C Programming Language

1 Chapter

第 1 章
C 语言概述

学习目标
- 了解 C 语言的发展历程及特点
- 熟悉开发工具 Visual Studio 2013 的使用方法
- 掌握 HelloWorld 案例的编写方式

　　C 语言是一门"古老"且非常优秀的结构化程序设计语言。它具有简洁、高效、灵活、可移植性强等优点,因而深受广大编程人员的喜爱,并得到广泛应用。下至硬件驱动程序,上至系统应用软件,都可用 C 语言来开发。本书就带领大家深入 C 语言编程世界。作为整本书的第一章,本章将针对 C 语言的发展历史、开发环境搭建、代码风格以及如何编写 C 语言程序等内容进行详细的讲解。

1.1　C 语言的历史和特点

1.1.1　C 语言的起源与发展

1. C 语言的诞生

　　在 C 语言诞生以前,系统软件主要是用汇编语言编写的。由于汇编语言程序依赖于计算机硬件,其可读性和可移植性都极差,一般的高级语言又难以实现对计算机硬件的直接操作(这正是汇编语言的优势),于是人们迫切需求一种兼有汇编语言和高级语言特性的新语言,在这种情况下,C 语言就应运而生了。

　　C 语言的原型是 ALGOL 60 语言(也称 A 语言)。

　　1963 年,剑桥大学将 ALGOL 60 语言发展成为 CPL(Combined Programming Language)语言。

　　1967 年,剑桥大学的马丁·理查兹(Matin Richards)对 CPL 语言进行了简化,于是产生了 BCPL 语言。

　　1970 年,美国贝尔实验室的肯·汤普森(Ken Thompson)对 BCPL 进行了修改,并将其命名为"B 语言",其含义是将 CPL 语言煮干,提炼出它的精华,之后他用 B 语言重写了 UNIX 操作系统。

　　1973 年,美国贝尔实验室的丹尼斯·里奇(Dennis M.Ritchie)在 B 语言的基础上设计出了一种新的语言,他取了 BCPL 的第二个字母作为这种语言的名字,即 C 语言。

　　1978 年,布赖恩·凯尼汉(Brian W.Kernighan)和丹尼斯·里奇(Dennis M.Ritchie)出版了第一版《The C Programming Language》,从而使 C 语言成为目前世界上流传最广泛的高级程序设计语言。

2. C 语言标准

　　随着微型计算机的普及,许多 C 语言版本出现了。由于一些新的特性不断被各种编译器实现并添加,这些 C 语言之间出现了一些不一致的地方。为了建立一个"无歧义、与具体平台无关"的 C 语言定义,美国国家标准学会(ANSI)为 C 语言制定了一套标准,即 ANSI C 标准。

　　1989 年美国国家标准学会(ANSI)通过的 C 语言标准 ANSI X3.159–1989,被称为 C89。之后《The C Programming Language》第二版开始出版发行,书中根据 C89 进行了更新。1990 年,国际标准化组织 ISO 批准 ANSI C 成为国际标准,于是 ISO C 诞生了,该标准被称为 C90。这两个标准只有细微的差别,因此,通常认为 C89 和 C90 指的是同一个版本。

　　之后,ISO 于 1994 年、1996 年分别出版了 C90 的技术勘误文档,更正了一些印刷错误,并在 1995 年通过了一份 C90 的技术补充，对 C90 进行了微小的扩充，经扩充后的 ISO C 被称为 C95。

1999 年，ANSI 和 ISO 又通过了 C99 标准。C99 标准相对 C89 做了很多修改，例如变量声明可以不放在函数开头，支持变长数组等。但由于很多编译器仍然没有对 C99 提供完整的支持，因此本书将按照 C89 标准来进行讲解，在适当时会补充 C99 标准的规定和用法。

 多学一招：为计算机语言

计算机语言（Computer Language）是人与计算机之间通讯的语言，它主要由一些指令组成，这些指令包括数字、符号和语法等内容，编程人员可以通过这些指令来指挥计算机进行各种工作。

计算机语言有很多种类，根据功能和实现方式的不同大致可分为三大类，即机器语言、汇编语言和高级语言。

1. 机器语言

不需要翻译就能直接被计算机识别的语言被称为机器语言（又被称为二进制代码语言），该语言是由二进制数 0 或 1 组成的一串指令，对于编程人员来说，机器语言不便于记忆和识别。

2. 汇编语言

尽管对计算机来说机器语言很好懂也很好用，但是对于编程人员来说，记住 0 和 1 组成的指令简直就是煎熬。为了解决这个问题，汇编语言诞生了。汇编语言用英文字母或符号串来替代机器语言，把不易理解和记忆的机器语言按照对应关系转换成汇编指令。这样一来，汇编语言就比机器语言更加便于阅读和理解。编译器可以把写好的汇编语言翻译成机器语言，实现人和计算机的沟通。

3. 高级语言

由于汇编语言依赖于硬件，程序的可移植性极差，而且编程人员在使用新的计算机时还需学习新的汇编指令，这大大增加了编程人员的工作量，为此计算机高级语言诞生了。高级语言不是一门语言，而是一类语言的统称，它比汇编语言更贴近于人类使用的语言，易于理解、记忆和使用。由于高级语言和计算机的架构、指令集无关，因此它具有良好的可移植性。

高级语言应用非常广泛，世界上绝大多数编程人员都在使用高级语言进行程序开发。常见的高级语言包括 C、C++、Java、VB、C#、Python、Ruby 等。本书讲解的 C 语言就是目前最流行、应用最广泛的高级语言之一，也是计算机高级编程语言的元老。

1.1.2 C 语言的特点

C 语言是一种通用的、面向过程的程序语言，它的诸多特点使它得到了广泛的应用，下面我们简单了解一下 C 语言都有哪些特点。

（1）C 语言简洁、紧凑、使用方便、灵活，具有丰富的运算符和数据结构。C 语言一共有32 个关键字、9 种控制语句、34 种运算符。C 语言把括号、赋值、强制类型转换等都作为运算符处理，其运算类型更为丰富，表达式类型更加多样化。

C 语言的数据类型有整型、实型、共用体类型等，能用来实现各种复杂的数据结构运算。

（2）C 语言允许直接访问物理地址，进行位操作，可以直接对硬件进行操作，兼具高级语言和低级语言的特点，能实现汇编语言的大部分功能，它既是成功的系统描述语言，又是通用的程序设计语言，因此人们通常称它为"中级语言"。

（3）C 语言具有结构化的控制语句（如 if...else 语句、while 语句、do...while 语句、switch 语句、for 语句），用函数作为程序模块以实现程序的模块化，是结构化的理想语言，符合现代编程风格的要求。

（4）C 语言语法限制不太严格，程序设计自由度大。例如对变量的类型使用比较灵活，整型数据与字符型数据以及逻辑型数据可以通用。一般的高级语言语法检查比较严，能检查出几乎所有的语法错误；而 C 语言允许程序编写者有较大的自由度，因此放宽了语法的检查。程序员要自己保证所写程序的正确性，不能过分依赖 C 编译程序去检查错误。

（5）C 语言编写的程序可移植性好（与汇编语言相比）。在某一系统下编写的程序，基本上不作修改就能在其它类型的计算机和操作系统上运行。

（6）C 语言生成目标代码质量高，程序执行效率高，一般只比汇编程序生成的目标代码效率低 10% ~ 20%。

尽管 C 语言具有很多的优点，但和其他任何一种程序设计语言一样，它也有其自身的缺点，如代码实现周期长、过于自由、经验不足易出错、对平台库依赖较多等。但总的来说，C 语言的优点远远超过了它的缺点。

1.2　开发环境

现在主流开发工具有很多种，并且大多开发工具都适合多种语言的开发。同样地，很多开发工具都能编写 C 语言。本节就来了解一下当下流行的 C 语言开发工具，并选择一款合适的开发工具作为本书的开发环境。

1.2.1　主流开发工具介绍

C 语言程序有多种开发工具，选择合适的开发工具，可以提高程序编写的效率，接下来将针对几种主流的开发工具进行介绍。

1. Visual Studio 工具

Visual Studio（简称 VS）是由微软公司发布的集成开发环境。它包括了整个软件生命周期中所需要的大部分工具，如 UML 工具、代码管控工具、集成开发环境(IDE)等。

Visual Studio 支持 C/C++、C#、F#、VB 等多种程序语言的开发和测试，功能十分强大。常用的版本有 Visual Studio 2010、Visual Studio 2012、Visual Studio 2013 等，目前最新版本为 Visual Studio 2017。

2. Code::Block 工具

Code::Block 是一个免费的跨平台 IDE，它支持 C/C++和 Fortan 程序的开发。Code::Block 的最大特点，是它支持通过插件的方式对 IDE 自身功能进行扩展，这使得 Code::Block 具有很强的灵活性，方便用户使用。

Code::Block 本身并不包含编译器和调试器，它仅仅提供了一些基本的工具，用来帮助编程人员从命令行中解放出来，使编程人员享受更友好的代码编辑界面。不过，后期 Code::Block 的发行版本已经以插件的形式提供了编译和调试的功能。

3. Eclipse 工具

Eclipse 是一种被广泛使用的免费跨平台 IDE，最初由 IBM 公司开发，目前由开源社区的 Eclipse 基金会负责 Eclipse 的管理和维护。一开始 Eclipse 被设计为专门用于 Java 语言开发的 IDE，现在 Eclipse 已经可以用来开发 C、C++、Python 和 PHP 等众多语言。

Eclipse 本身是一个轻量级的 IDE，在此之上，用户可以根据需要安装多种不同的插件来扩展 Eclipse 的功能。利用插件除了可以支持其他语言的开发之外，Eclipse 还可以实现项目的版本控制等功能。

4. Vim 工具

和其他 IDE 不同的是，Vim 本身并不是一个用于开发计算机程序的 IDE，而是一款功能非常强大的文本编辑器，它是 UNIX 系统上 Vi 编辑器的升级版。和 Code::Block 以及 Eclipse 类似，Vim 也支持通过插件扩展自己的功能。Vim 不仅适用于编写程序，还适用于几乎所有需要文本编辑的场合，因其强大的插件功能，以及高效方便的编辑特性，Vim 被称为是 "程序员的编辑器"。

由于 Vim 配置多种插件时可以实现几乎和 IDE 同样的功能，因此，Vim 有时也被编程人员直接当作 IDE 来使用。

1.2.2　Visual Studio 2013 下载与安装

目前企业中最常用的 C 语言开发工具是 Visual Studio，虽然其最新版本为 Visual Studio 2017，但大多企业并没有更新那么快，仍然在使用 Visual Studio 2010 或者 Visual Studio 2013。为了保证读者既能跟上发展潮流又贴近企业开发，本书选用 Visual Studio 2013 作为 C 语言开发工具。

Visual Studio 2013 开发工具还分为多个版本，大家可以针对不同的需求选择不同的版本。本书选择的开发工具是 Visual Studio Express 2013 for Windows Desktop，它是 Visual Studio 产品的轻量版本，具备易学、易用、易上手等特点，更加适合读者使用。

接下来通过具体的步骤来演示如何在 Windows 7 系统上安装 Visual Studio Express 2013 for Windows Desktop 开发工具。

1. 开始安装

从微软的官网下载 VS 2013_RTM_DskExp_CHS.iso 镜像文件，在本地可以直接解压或者通过虚拟光驱来进行安装，解压后以管理员身份运行安装程序，此时显示 Visual Studio 界面，如图 1-1 所示。

图 1-1 所示的开始安装界面会暂停片刻，然后进入路径选择界面，如图 1-2 所示。

从图 1-2 可以看出，程序的安装路径默认为 C:\Program Files(x86)\Microsoft Visual Studio 12.0，单击安装路径后的浏览按钮，可以把 Visual Studio 开发工具安装到指定的路径，本书使用默认路径进行安装。

选中【我同意许可条款和隐私策略】选项，取消对【加入 Visual Studio 体验改善计划及帮助改善 Visual Studio 的质量可靠性和性能（可选）】选项的勾选，如图 1-3 所示。

图1-1　Visual Studio界面

图1-2　路径选择界面

单击图 1-3 路径选择界面中的"安装（N）"，便会出现安装界面，如图 1-4 所示。

图1-3　路径选择界面

图1-4　安装界面

图 1-4 所示的安装界面正在加载 Visual Studio 安装所需的组件，这个过程会持续较长的时间，需要耐心等待。

Visual Studio 安装成功后，会看到安装成功界面，如图 1-5 所示。

至此，Visual Studio 便安装完成了。

2. 启动 Visual Studio

单击图 1-5 中的"启动（L）"，启动 Visual Studio 开发工具，界面如图 1-6 所示。

图1-5　安装成功界面

图1-6　启动起始界面

程序启动后在图 1-6 所示的界面停留片刻，便会自动进入欢迎界面，如图 1-7 所示。

在图 1-7 的欢迎界面中，可以看到【登录（I）】按钮，注册了微软账号的用户可以选择这种方式进行登录。为了方便起见，在此选择"以后再说"选项，进入准备阶段，如图 1-8 所示。

图1-7　欢迎界面

图1-8　准备阶段

由于是第一次启动 Visual Studio 开发工具，因此需要一段时间进行准备。准备完成后会显示起始页面，如图 1-9 所示。

至此，如果看到了图 1-9 所示的起始界面，便说明 Visual Studio 启动成功了。

图1-9　起始页

1.3　第一个 C 程序：HelloWorld

通过上一小节的学习，读者对 Visual Studio 开发工具有了一个基本的认识。为了快速熟悉工具的使用以及了解 C 语言程序的编写方式，本节将通过一个向控制台输出"Hello, world"的程序，为读者演示如何在 Visual Studio 工具中开发一个 C 语言应用程序，具体实现步骤如下。

1. 新建项目

启动 Visual Studio 开发工具，在菜单栏中选择【文件】→【新建项目】，如图 1-10 所示。

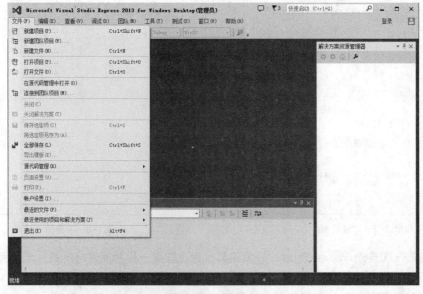

图1-10　新建项目

单击图 1-10 中所示的【新建项目】菜单，此时会弹出新建项目窗口，在新建项目窗口中可以选择创建的项目类型，设置项目名称、位置、解决方案名称等，如图 1-11 所示。

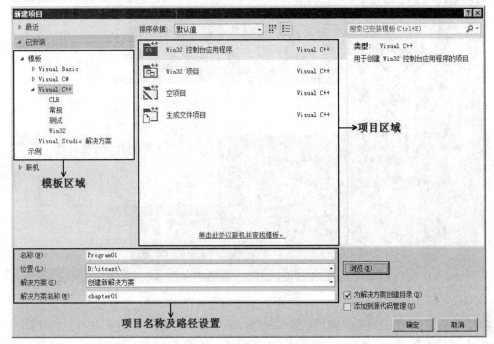

图1-11　新建项目窗口

从图 1-11 中可以看出，项目窗口大致可分为 3 个部分，其中模板区域可以选择要开发项目的模板，项目区域可以选择要创建项目的类型。在项目区域的下方，可以设置项目名称、位置（项目的保存位置）以及解决方案名称，解决方案名称默认与项目名相同。

模板区域包含了项目开发中的多个模板，如 Visual Basic、Visual C#、Visual C++ 等模板。由于本书是针对 C 语言进行讲解的，因此只会用到 C++ 中的模板，接下来将针对 C++ 模板下的项目类型进行介绍，具体如下。

- Win32 控制台应用程序：用于创建 Win32 控制台应用程序的项目。
- Win32 项目：用于创建 Win32 应用程序、控制台应用程序、DLL 或其他静态库项目。
- 空项目：用于创建本地应用程序的项目。
- 生成文件项目：用于使用外部生成系统的项目。

在此，选择空项目，然后将项目名称设置为 Program01，项目的位置为 "D:\itcast\"，并将解决方案的名称设置为 chapter01，这样创建的程序文件就会生成在 "D:\itcast\chapter01" 目录中。最后单击【确定】按钮，至此便完成了 Program01 项目的创建。

2. 添加源文件

项目创建完成后，就可以在 Program01 项目中添加 C 语言源文件了。在 Program01 项目中的源文件夹上单击鼠标右键，在弹出的菜单中依次选择【添加】→【新建项】，如图 1-12 所示。

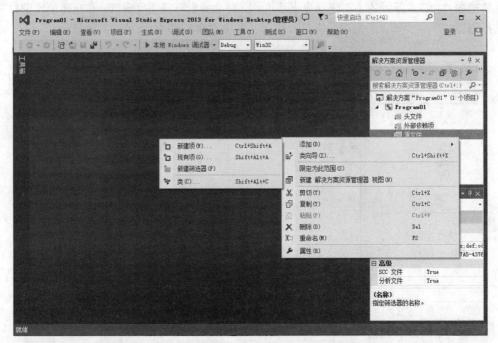

图1-12　添加新建项

单击图 1-12 中的新建项，随后在弹出的添加新项窗口里选择【C++ 文件(.cpp)】，并在名称输入框中填写"HelloWorld.c"，如图 1-13 所示。

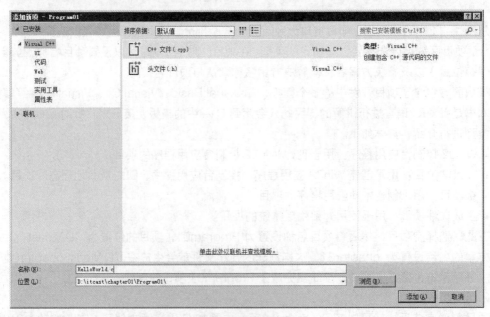

图1-13　添加源文件

3. 编写代码

单击图 1-13 中的【添加】按钮，HelloWorld.c 源文件便创建成功，此时，在解决方案资源管理器的源文件夹中便可以看到 HelloWorld.c 文件，如图 1-14 所示。

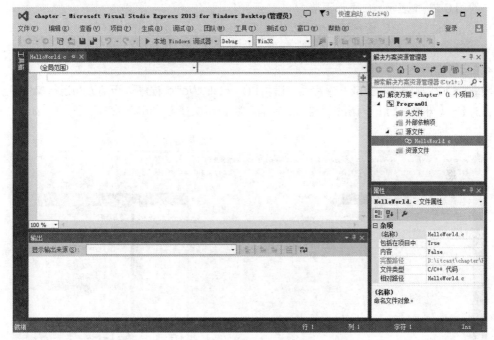

图1-14　HelloWorld.c文件

为了让读者对 C 语言编程有一个简单了解，在图 1-15 的编辑区中编写 HelloWorld.c 程序，具体代码如例 1-1 所示。

例 1-1

```
1   #include <stdio.h>
2   int main()
3   {
4       printf("Hello, world\n");
5       return 0;
6   }
```

例 1-1 就是一个完整的 C 语言程序，接下来针对该程序中的语法进行详细的讲解，具体如下：

● 第 1 行代码的作用是进行相关的预处理操作。其中字符"#"是预处理标志，用来对文本进行预处理操作，"include"是预处理指令，它后面跟着一对尖括号，表示头文件在尖括号内读入。"stdio.h"是标准输入输出头文件，由于在代码 4 行用到了 printf()输出函数，所以需加此头文件。

● 第 2 行代码声明了一个 main()函数，该函数是程序的入口，每一个 C 程序必须有且仅有一个 main()函数，程序总是从 main()函数开始执行。main()函数前面的"int"表示该函数的返回值类型是整型。第 3~6 行代码"{}"中的内容是函数体，程序的相关操作都要写在函数体中。

● 第 4 行代码调用了一个用于格式化输出的函数 printf()，该函数用于输出一行信息，可以简单理解为向控制台输出文字或符号等。printf()函数括号中的内容称为函数的参数，括号内可以看到输出的字符串"Hello, world\n"，其中"\n"表示换行操作，它不会输出到控制台。

● 第 5 行代码中 return 语句的作用是将函数的执行结果返回，后面紧跟着函数的返回值，返回值一般用 0 或 –1 表示，0 表示正常，–1 表示异常。

值得一提的是，在 C 语言程序中，以分号 ";" 作为结束标记的代码都可称为语句，如例 1-1 中的第 4 行、第 5 行代码都是语句，被 "{}" 括起来的语句被称为语句块。

4. 运行程序

HelloWorld 程序编写完成并保存后，就可以对 HelloWorld 程序进行编译和运行操作了。选择【调试】→【开始执行（不调试）】选项，或者直接使用快捷键 Ctrl+F5 来运行程序，如图 1-15 所示。

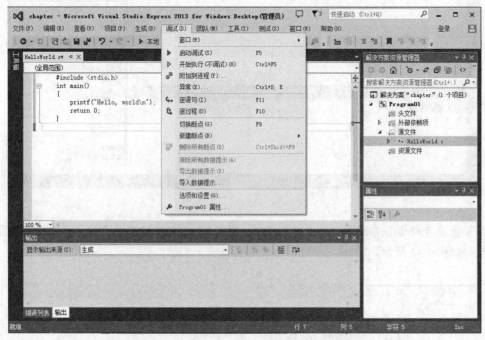

图1-15　运行程序

程序运行后，会弹出命令行窗口并在该窗口中输出运行结果，如图 1-16 所示。

图1-16　运行结果

至此，便完成了 HelloWorld 程序的创建、编写及运行过程。读者在此只需有个大致印象即可，后面将会继续讲解如何使用 Visual Studio 开发工具编写 C 语言程序。

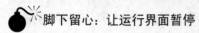 脚下留心：让运行界面暂停

在 VS 中直接单击运行按钮或使用 F5 键，是在调试状态下运行程序，运行结束后窗口会消失。此时我们若想看到程序的运行结果，可以使用快捷键组合 Ctrl+F5，这个快捷键组合在 VS 中的意义是运行程序但不调试，可以让运行界面暂停。另外，也可以在 return 语句前调用 getchar()

函数，getchar()函数用于获取一个字符，在输入字符之前，程序将会停在运行界面。还可以在程序的头部添加#include <stdlib.h>，在 main()函数尾部加上"system("pause");"语句执行 system()函数调用，如此，当程序执行到该语句时便会暂停。

1.4　本章小结

本章首先讲解了 C 语言的发展历史及特点，然后讲解了 Visual Studio 2013 开发环境的搭建以及如何开发一个 HelloWorld 程序。通过本章的学习，读者应对 C 语言有一个应用层面上的认识，并了解如何开发一个 C 语言程序，为后面的程序开发奠定基础。

【思考题】

请总结一下，C 语言都有哪些特点。

The C Programming Language

2

Chapter

第 2 章
数据类型与运算符

学习目标
- 理解进制和进制转换
- 掌握常量与变量的定义
- 掌握不同数据类型间的转换
- 掌握各种运算符的使用规则
- 了解运算符的优先级

通过第一章的学习，读者对 C 语言应该有了一个大体上的认识。本章以案例的形式针对 C 语言开发中必须要掌握的进制、常量、变量、运算符等基础知识进行讲解，带领读者进入真正的 C 语言世界。

【案例 1】 看！它们都是 100

案例描述

看！01100100、144、100、64 都能表示数值 100。是不是感觉很神奇？这是因为它们分别是 100 的二进制、八进制、十进制和十六进制表示形式。本案例的要求是将十进制的数字 100 分别转换成二进制、八进制和十六进制，并写出具体步骤。

案例分析

本案例的关键在于掌握不同进制间的转换关系。在计算机中，不同的情境可能需要使用不同的进制来表示同一个数据，不管使用哪种进制形式来表示，数值本身不会发生变化。各种进制之间可以轻松地实现转换，在实现转换之前，我们必须掌握以下这些知识。

必备知识

1. 进制

进制是一种计数机制，它可以使用有限的数字符号代表所有的数值。X 进制表示某一位置上的数在运算时逢 X 进一位。接下来将针对二进制、八进制和十六进制分别进行讲解。

（1）二进制

在绝大多数计算机系统中，数据都是以二进制的形式存储的。二进制是计算机中普遍采用的一种数制。二进制数据的基数为 2，它只用 0 和 1 两个符号来表示数据，进位规则是"逢二进一"。

例如使用二进制表示十进制数字 2 时，个位上的数字为 2，逢二进一，应将第二位上的数字置为 1，此时个位上的数字减去 2 变为 0。使用二进制表示十进制数字 4 时，个位上的数字为 4，使其向第二位进位，变为 12，但二进制中不可能出现 0 和 1 之外的数字，个位上的数字逢二再次向十位进 1，此时第二位上的数字变为 2，个位数字变为 0。根据逢二进一的规则，应向第三位进 1，因此最后十进制的 4 转化为 100。

（2）八进制

八进制是一种"逢八进一"的进制，它由 0～7 这八个符号来表示。当使用八进制表示十进制数字 8 时，需要向高位进一位，表示为 10。同理，使用八进制表示十进制数字 16 时，再次向高位进一位，表示为 20。

（3）十六进制

十六进制是一种"逢十六进一"的进制，它由 0～9 和 A～F 这十六个符号来表示，A～F 分别对应十进制的 10～15。当使用十六进制表示十进制数字 16 时，需要向高位进一位，表示为 10。同理，使用十六进制表示十进制数字 32 时，再次向高位进一位，表示为 20。

2. 进制转换

（1）十进制与二进制之间的转换

十进制与二进制之间的转换是最常见也是必须掌握的一种进制转换，下面针对十进制转二进制和二进制转十进制的方式分别进行讲解。

① 十进制转二进制

十进制转换成二进制可以采用除 2 取余的方式，也就是说将要转换的数先除以 2，获得商和余数，将商继续除以 2，获得商和余数，此过程一直重复直到商为 0。最后将所有得到的余数倒序排列，即可得到转换结果。

以十进制的 6 转换为二进制为例，其演算过程如图 2-1 所示。

从图 2-1 中可以看出，十进制的 6 连续三次除以 2 后，得到的余数依次是：0、1、1。将所有余数倒序排列后为 110，因此，十进制的 6 转换成二进制后的结果是 110。

② 二进制转十进制

二进制转化成十进制要从右到左用二进制位上的每个数去乘以 2 的相应次方，例如，将最右边第一位的数乘以 2 的 0 次方，第二位的数乘以 2 的 1 次方，第 n 位的数乘以 2 的 n-1 次方，然后把所有乘积相加，得到的结果就是转换后的十进制数。以二进制数 1101 为例，将其转换为十进制形式，转换方式如下：

$$1\times2^3+1\times2^2+0\times2^1+1\times2^0=13$$

则二进制数 1101 对应的十进制数为 13。

（2）八进制与二进制之间的转换

该类转换通常是二进制转换成八进制，在转换的过程中有一个技巧，就是将二进制数自右向左每三位分成一段（若不足三位，左边用 0 补齐），然后将二进制每段的三位转为八进制的一位，转换过程中数值的对应关系如表 2-1 所示。

表 2-1 二进制和八进制数值对应表

二进制	八进制
000	0
001	1
010	2
011	3
100	4
101	5
110	6
111	7

接下来，就以 00101010 为例来演示二进制数如何转为八进制，具体演算过程如下：

① 每三位分成一段，结果为：000 101 010；

② 将每段的数值分别查表替换，结果如下：

```
010 → 2
101 → 5
000 → 0
```

③ 将替换的结果进行组合，组合后的八进制为 0052（注意八进制必须以 0 开头）。

八进制转换成二进制的过程正好相反，只需将八进制数中每一位数转换成对应的三位二进制数即可。

（3）十六进制与二进制之间的转换

将二进制转为十六进制时，与转八进制类似，不同的是要将二进制数每四位分成一段（若不足 4 位用 0 补齐），再查表转换。二进制转十六进制过程中数值的对应关系如表 2-2 所示。

表 2-2　二进制和十六进制数值对应表

二进制	十六进制	二进制	十六进制
0000	0	1000	8
0001	1	1001	9
0010	2	1010	A
0011	3	1011	B
0100	4	1100	C
0101	5	1101	D
0110	6	1110	E
0111	7	1111	F

下面将二进制数 01010110 转为十六进制，具体步骤如下：

① 每四位分成一段，结果为：0101 0110；

② 将每段的数值分别查表替换，结果如下：

```
0110 → 6
0101 → 5
```

③ 将替换的结果进行组合，转换的结果为：0x56 或 0X56（注意十六进制必须以 0x 或者 0X 开头）。

以上讲解了二进制与其他进制的转换，除二进制外，其他进制之间的转换也很简单，只需将它们转换成二进制数，然后将二进制转为其他进制即可。

案例实现

1．十进制的 100 转换成二进制

将十进制的 100 连续除以 2 七次之后，商为 0，得到的余数依次为 0、0、1、0、0、1、1。将所有余数倒序排列后为 1100100，因此十进制的 100 转换成二进制后的结果是 1100100。其转换过程如图 2-2 所示。

2．十进制的 100 转换成八进制

刚刚得到十进制的 100 转换成二进制后的结果是 1100100，将它从右至左每三位分成一段（若不足三位，左边用 0 补齐），即 001、100、100，将每段的数值分别替换为 1、4、4。因此十进制的 100 转换成八进制后的结果是 0144。

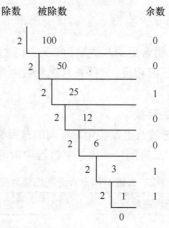

图2-2　十进制的100转换为二进制过程

3.　十进制的 100 转换成十六进制

刚刚得到十进制的 100 转换成二进制后的结果是 1100100，将它从右至左每四位分成一段（若不足四位，左边用 0 补齐），即 0110、0100，将每段的数值分别替换为 6、4。因此十进制的 100 转换成十六进制后的结果是 0x64。

 多学一招：小数的二进制

十进制小数转换为二进制采用 "乘 2 取整" 的方式。方法是用 2 乘以十进制小数部分，将结果中的整数部分去掉，再次用 2 乘以余下的小数部分，并去掉其结果的整数部分；如此继续下去，直到余下的小数部分为 0 或满足所要求的精度为止。最后将每次得到的整数部分（0 或 1）按先后顺序排列，即为小数对应的二进制。例如：将小数 0.8125 转换为二进制，转换过程如图 2-3 所示。

由图 2-3 所示，十进制 0.8125 连续 4 次乘以 2，使得小数部分为 0，所得整数依次为 1、1、0、1，所以转换后结果为 0.1101。

需要注意的是，有些十进制小数不一定能完全精确地转换为二进制，根据精度要求转换到小数点后某一位即可。

$$
\begin{array}{r}
0.8125 \\
\times \quad 2 \\
\hline
1.6250 \cdots\cdots 取整数：1 \\
0.6250 \\
\times \quad 2 \\
\hline
1.2500 \cdots\cdots 取整数：1 \\
0.25 \\
\times \quad 2 \\
\hline
0.50 \cdots\cdots 取整数：0 \\
\times \quad 2 \\
\hline
1.0 \cdots\cdots 取整数：1 \\
(0.8125)_{10}=(0.1101)_2
\end{array}
$$

顺序排列

图2-3　十进制小数转换为二进制

【案例 2】　小明的故事

案例描述

小明？是不是感觉很熟悉？他常常作为男一号活跃于各大权威课本，同样，C 语言的世界里也少不了他。案例要求依次输入小明的学号和成绩：

如果输入"11"，"59.5"，则在屏幕上打印输出"小明同学的学号是 11，成绩是 59.5。"

如果输入"22"，"99.5"，则在屏幕上打印输出"小明同学的学号是 22，成绩是 99.5。"

案例分析

关于本案例，我们需要考虑三个问题：

（1）如何向电脑中输入信息？

（2）如何让电脑输出刚刚输入的信息？

（3）是否需要通过介质将信息储存在电脑中？

若想解决问题 1 和 2，我们需要用到 scanf()函数和 printf()函数。函数将在第四章中详细阐述，本案例只对这两个函数进行讲解。若想解决问题 3，需要用到"变量"。接下来请认真学习"常量"、"变量"的概念和"scanf()"、"printf()"的基本用法。

必备知识

1. 常量的概念

常量又称常数，是指在程序运行过程中其值不可改变的量。C 语言中的常量可分为整型常量、实型常量、字符型常量、字符串常量和符号常量，下面将针对这些常量分别进行讲解。

（1）整型常量

整型常量又称为整数。C 语言中，整数可用三种形式表示：十进制整数、八进制整数和十六进制整数。

（2）实型常量

实型也称为浮点型，实型常量又称为实数或浮点数，也就是在数学中用到的小数。C 语言中，实型常量采用十进制表示，它有两种形式：十进制小数形式和指数形式。

（3）字符型常量

有两种形式的字符常量：

● 普通字符：用单引号括起来的单个字符，如：'a'、'Z'、'3'、'?'、'#'。字符常量存储在内存中时，并不是存储字符（如 a、Z、#等）本身，而是存储其 ASCII 码。

● 转义字符：有些字符是无法用一般形式来表示的，我们可以用转义字符来表示。转义字符是以字符"\"开头的字符序列，例如"\n"表示一个换行符、"\t"表示一个制表符。

（4）字符串常量

字符串常量是用一对双引号括起来的字符序列，例如"hello"、"123"、"itcast"等。

（5）符号常量

C 语言中也可以用一个标识符来表示一个常量，这种常量称为符号常量。符号常量在使用前必须先定义，其语法格式如下所示：

```
#define 标识符 常量
```

2. 变量的定义

在程序运行期间，可能会用到一些临时数据，应用程序会将这些数据保存在一些内存单元中，每个内存单元都用一个标识符来标识。这些用来引用计算机内存地址的标识符称为变量，定义的标识符就是变量名，内存单元中存储的数据就是变量的值。

3．变量的数据类型

在应用程序中，由于数据存储时所需要的容量各不相同，因此，为了区分不同的数据，需要将数据划分为不同的数据类型。C 语言中的数据类型有 4 种，分别是基本类型、构造类型、指针类型和空类型。接下来将针对基本数据类型进行详细的讲解，关于其他数据类型将在后面章节中讲解。

（1）整型变量

在程序开发中，经常会遇到 0、−100、1024 等数字，这些数字都可称为整型数据。整型数据就是一个不包含小数部分的数。在 C 语言中，根据数值的取值范围，可以将整型分为短整型（short int）、基本整型（int）和长整型（long int）。

（2）实型变量

实型变量也可以称为浮点型变量，浮点型变量是用来存储小数数值的。在 C 语言中，浮点型变量分为两种：单精度浮点数（float）、双精度浮点数（double）。double 型变量所表示的浮点数比 float 型变量更精确。

（3）字符型变量

字符型变量用于存储一个单一字符，在 C 语言中用"char"表示，每个字符变量占用 1 个字节。在给字符型变量赋值时，需要用一对英文半角格式的单引号（'）把字符括起来，例如，'A' 的定义方式如下所示：

```
char ch = 'A';  // 为一个 char 类型的变量赋值字符'A'
```

（4）枚举类型变量

在日常生活中有许多对象的值是有限的、可以一一列举的。例如一个星期内只有七天、一年只有十二个月等等。C 语言提供了一种称为"枚举"的类型来定义值可以被一一列举，且取值不超过定义范围的变量。

枚举类型的声明方式比较特殊，具体格式如下：

```
enum 枚举名 {标识符1 = 整型常量1, 标识符2 = 整型常量2, ...};
```

在上述代码中，"enum"表示声明枚举的关键字，枚举名表示枚举对象的名称。

4．printf()函数和 scanf()函数

在 C 语言开发中，经常会进行一些输入输出操作，为此，C 语言提供了 printf()函数和 scanf()函数。其中 printf()函数用于向控制台输出字符，scanf()函数用于读取用户的输入，下面将分别讲解这两个函数的用法。

（1）printf()函数

在前面的章节中，经常使用 printf()函数输出数据，printf()函数可以通过格式控制字符，输出多个任意类型的数据。printf()函数中常用的格式控制字符如表 2−3 所示。

表 2-3　常用 printf()格式字符

常用格式字符	含义
%s	输出一个字符串
%c	输出一个字符
%d	以十进制输出一个有符号整型

续表

常用格式字符	含义
%u	以十进制输出一个无符号整型
%o	以八进制输出一个整数
%x	以十六进制输出一个整数，其中表示 10～15 的字母为小写
%X	以十六进制输出一个整数，其中表示 10～15 的字母为大写
%f	以十进制输出一个浮点数
%e	以科学计数法输出一个小写浮点数
%E	以科学计数法输出一个大写浮点数

表 2-3 中列举了很多格式控制字符，使用这些格式控制符可以让 printf() 输出指定类型的数据。

（2）scanf() 函数

scanf() 函数负责从标准输入设备（一般指键盘）上接收用户的输入，它可以灵活接收各种类型的数据，如字符串、字符、整型、浮点数等，scanf() 函数也可以通过格式控制字符控制用户的输入，其用法与 printf() 函数一样。

需要注意的是，scanf() 函数接收的是变量的地址，一个变量是如何取的地址呢？仅需要在前面加个 "&" 符号就可以。这里的内容只需了解即可，详细的原因将在第六章（指针）中讲解。

案例实现

1. 案例设计

根据上述知识可知，我们需要定义两个变量：一个 int 类型的变量 num，另一个 float 类型的变量 score。我们用 scanf() 函数把输入的值储存在 num 和 score 中，然后用 printf() 函数把 num 和 score 的值输出到控制台，呈现在窗口中。

2. 完整代码

```
1   #include <stdio.h>
2   int main()
3   {
4       int num = 0;
5       float score = 0;
6       printf("请输入小明的学号和成绩:\n");
7       scanf("%d%f",&num,&score);
8       printf("小明同学的学号是%d，成绩是%.1f\n",num,score);
9       return 0;
10  }
```

运行结果如图 2-4 所示。

图2-4 【案例2】运行结果

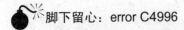脚下留心：error C4996

在案例 2 中，当运行代码时，程序会报错 "error C4996"，这是因为程序中调用了 scanf() 函数，这是一个不安全的函数，有一定的缓存区溢出风险。运行程序时，会出现安全警告。要解决这个问题，可以在源头件开头添加一行代码：

```
#define _CRT_SECURE_NO_WARNINGS
```

这一行代码表示对此源文件关闭安全检查，这样，再调用 scanf() 函数就不会出现安全警告了，程序可以正常运行。

常用的有安全隐患的函数还有 gets() 函数、strcpy() 函数、strcat() 函数和 sprintf() 函数等，当调用这些函数时，同样可以在源文件开头添加上述关闭安全检查的代码，解除警告。

在实际开发中，一个项目中往往会有多个文件，如果每一个文件都有调用不安全函数，那么就需要在每一个文件开头添加上述代码，会比较麻烦。在这种情况下，可以将整个项目的安全检查关闭，方法如下：选中项目，单击右键→【属性】，会弹出图 2-5 所示的图形界面。

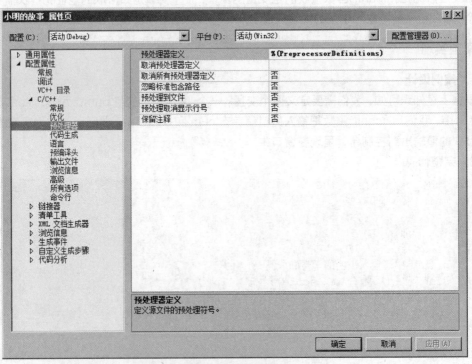

图2-5 项目属性页

在图 2-5 所示项目属性页左边的导航树中，选中【配置属性】→【C/C++】→【预处理器】，然后选中右边选项栏中第一个选项【预处理器定义】，单击下拉三角形，如图 2-6 所示。

单击【编辑...】选项，会弹出一个编辑框，将 "_CRT_SECURE_NO_WARNINGS" 写入，如图 2-7 所示。

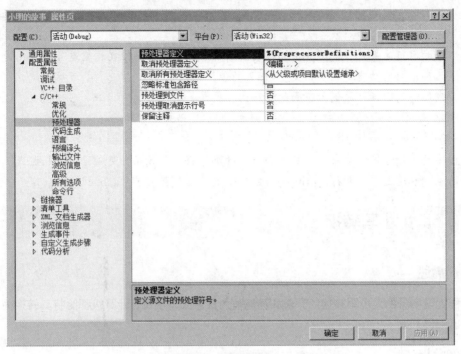

图2-6 预处理器定义

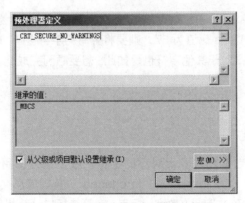

图2-7 对预处理器定义进行编辑

最后单击【确定】按钮返回即可。这样在这个项目下添加的所有文件，都会关闭安全检查。

 多学一招：逗号运算符

在程序中还有一种运算符：逗号运算符。逗号运算符就是分割这些连在一起的表达式的运算符，其中用逗号分开的表达式的值先分别进行运算，最终返回最后一个表达式的值。逗号运算符的表达式如下所示：

（表达式 1，表达式 2，表达式 3，...，表达式 n）；

程序将依次执行表达式 1、表达式 2、表达式 3 直至表达式 n，并且最终返回表达式 n 的值。程序中处处都能看到逗号的身影，但不是所有逗号都是逗号运算符。例如下面的程序：

```
int a = 1, b = 2, c = 3;
printf("%d\n", a, b, c);
```

该程序的运行结果是"1"。printf()函数虽然用了三个逗号，但在这里逗号的作用是分隔函数参数。此条语句的功能是打印出变量"a"的值。

但若我们加入小括号，例如下面的程序：

```
int a = 1, b = 2, c = 3;
printf("%d\n", (a, b, c));
```

该程序的运行结果就变成了"3"。小括号的加入将"a, b, c"变成了一个表达式，此时该表达式的逗号就是逗号运算符。printf()函数打印出了逗号表达式"a, b, c"的值。

【案例 3】 大小写转换

案例描述

编程实现字母的大小写转换。要求从键盘输入任意大写字母，计算机都能将其转换为小写字母并输出到屏幕上。

案例分析

字符在内存中是以其 ASCII 码值来存储的，每个字符都对应一个数值。如字符"c"的 ASCII 码值为 99，字符"C"的 ASCII 码值为 67，则要将大写的字符"C"转换为小写，将字符"C"的 ASCII 码值加上 32 即可，对于其他字符也是如此。想要顺利完成此案例，还请认真学习 ASCII 码的相关知识。

必备知识

ASCII 码

计算机使用特定的整数编码来表示对应的字符。我们通常使用的英文字符编码是 ASCII（American Standard Code for Information Interchange ，美国信息交换标准编码）。ASCII 编码是一个标准，其内容符合把英文字母、数字、标点、字符转换成计算机能识别的二进制数的规则，并且得到了广泛认可和使用。ASCII 码表的内容，请参见附录 I。

ASCII 码大致由以下两部分组成。

（1）ASCII 非打印控制字符：ASCII 表上的数字 0-31 分配给了控制字符，用于控制打印机等一些外围设备（参详 ASCII 码表中 0-31）。

（2）ASCII 打印字符：数字 32-126 分配给了能在键盘上找到的字符，当查看或打印文档时就会出现。数字 127 代表 DELETE 命令（详见 ASCII 码表中 32-127）。

案例实现

1. 案例设计

在 ASCII 码表中，26 个英文字母的 ASCII 码值相差 32（小写字母比对应的大写字母大 32）。当从键盘输入大写字母时，在输出时加上 32，并且以%c 格式输出，就能转换为小写。

2. 完整代码

```
1  #include <stdio.h>
2  int main()
3  {
4      char ch;
5      printf("请输入一个大写字母：\n");
6      scanf("%c", &ch);
7      printf("%c\n", ch + 32); //转换成大写输出
8      system("pause");
9      return 0;
10 }
```

运行结果如图 2-8 所示。

图2-8　【案例3】运行结果

【案例 4】　有容乃大

案例描述

本案例要求编程求出基本数据类型所占字节数。

不同的数据类型所占内存大小也是不一样的，例如 char 类型长度为 1 个字节，short 类型长度为 2 个字节，int 类型长度为 4 个字节等等，数据类型所占字节越大，取值范围也越大，如 short 类型占 2 个字节，取值范围为 –32768 ~ 32767；int 类型占 4 个字节，取值范围为 –2147483648 ~ 2147483647。类似容器的容量，容量越大，容器中可盛放的东西越多。

案例分析

此案例较为简单，求不同数据类型的大小，直接用 sizeof 运算符即可，下面来学习该运算符的基本用法。

必备知识

sizeof 运算符

同一种数据类型在不同的编译系统中所占空间不一定相同，例如，在 16 位的编译系统中，int 类型占用 2 个字节，而在 32 位的编译系统中，int 类型占用 4 个字节。为了获取某一数据或数据类型在内存中所占的字节数，C 语言提供了 sizeof 运算符，使用 sizeof 运算符可以获取数据字节数，其基本语法规则如下所示：

```
sizeof(数据类型名称);
或
sizeof(变量名称);
```

案例实现

```
1   #include <stdio.h>
2   int main()
3   {
4       printf("char:   %d字节\n", sizeof(char));
5       printf("short:  %d字节\n", sizeof(short));
6       printf("int:    %d字节\n", sizeof(int));
7       printf("long:   %d字节\n", sizeof(long));
8       printf("float:  %d字节\n", sizeof(float));
9       printf("double: %d字节\n", sizeof(double));
10      return 0;
11  }
```

运行结果如图 2-9 所示。

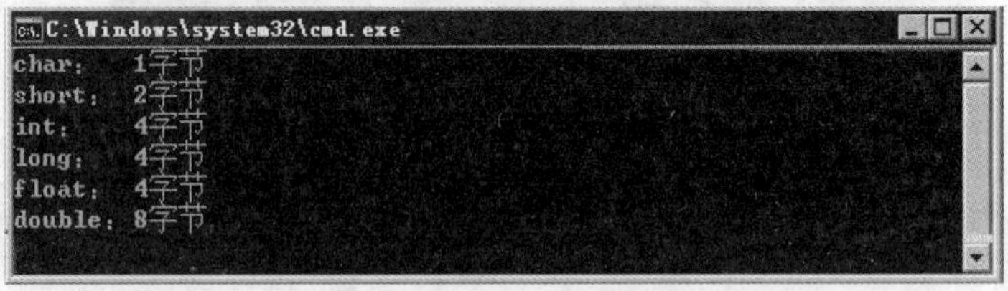

图2-9 【案例4】运行结果

由图 2-9 可知，char、short、int、long、float、double 分别占 1、2、4、4、4、8 个字节，char 所占字节数最小，则其取值范围较小；double 所占字节数最大，则其取值范围也大。

图 2-9 所得出的结果只是在 64 位平台下计算出的结果，在 32 位、16 位操作系统中，这些数据类型所占字节大小会有所差异。不管在哪个平台下，数据类型的大小均可使用 sizeof 运算符直接求算。

【案例5】 求周长和面积

案例描述

从键盘输入一个圆形的半径 r，输出圆的周长和面积。要求使用实型数据进行计算。

案例分析

圆的周长公式：$2\pi r$；圆面积公式：πr^2；当从键盘输入半径 r 时，直接套入公式计算。

必备知识

表达式

在程序中，运算符是用来操作数据的，因此，这些数据也被称为操作数，使用运算符将操作数连接而成的式子称为表达式。表达式具有如下特点：

● 常量和变量都是表达式，例如，常量 3.14、变量 i。
● 运算符的类型对应表达式的类型，例如，算术运算符对应算术表达式。
每一个表达式都有自己的值，即表达式都有运算结果。

案例实现

```
1  #include <stdio.h>
2  int main()
3  {
4      float r, s, l;  //这三个变量分别表示圆的半径、面积、周长
5      printf("请输入圆半径：\n");
6      scanf("%f", &r);
7      s = 3.14*r*r;
8      l = 2 * 3.14*r;
9      printf("圆面积为：%0.2f\n", s);
10     printf("圆周长为：%0.2f\n", l);
11     return 0;
12 }
```

运行结果如图 2-10 所示。

图2-10　【案例5】运行结果

【案例6】 算术运算

案例描述

本案例要求从键盘输入两个整数，分别输出这两个数的和、差、积、商、余数。例如，从键盘输入两个整数 1 和 2，就输出这两个数的和值 3，差值-1，乘积 2，商值 0.5，余数 1。

案例分析

在数学中对两个数进行运算，需要使用算术运算符，同样，在计算机上对两个数进行算术运算也要用到算术运算符。

想要顺利完成此案例，还需要认真学习计算机中的算术运算符。

必备知识

1. 算术运算符

在数学运算中最常见的就是加减乘除四则运算。C 语言中的算术运算符是用来处理四则运算的符号，也是最简单、最常用的运算符号。

① "+" 符号，用于求和；

② "–" 符号，用于求差；

③ "*" 符号，用于求积；

④ "/" 符号，用于求商；

⑤ "%" 符号，用于求模（余数）。

算术运算符看上去都比较简单，也很容易理解，但在实际使用时还有很多需要注意的问题，接下来就针对其中比较重要的几点进行详细的讲解，具体如下：

（1）进行四则混合运算时，运算顺序遵循数学中 "先乘除后加减" 的原则。例如，计算表达式 "1+2*3" 时，计算机先计算 "2*3" 的值，返回 6，再计算 "1+6" 的值，返回 7。

（2）在进行除法运算时，当除数和被除数都为整数时，得到的结果也是一个整数。如果除法运算中有浮点数参与运算，系统会将整数数据隐式转换为浮点类型，最终得到的结果会是一个浮点数。例如，"2510/1000" 属于整数之间相除，系统会忽略小数部分，得到的结果是 2，而 "2.5/10" 的实际结果为 0.25。

（3）取模运算在程序设计中有着广泛的应用，例如判断奇偶数，其方法就是求一个数字除以 2 的余数是 1 还是 0。在进行取模运算时，运算结果的正负取决于被模数（运算符%左边的数）的符号，与模数（%符号右边的数）的符号无关，如：(–5)%3=–2，而 5%(–3)=2。

2. 数据类型转换

在 C 语言程序中，为了解决数据类型不一致的问题，需要对数据的类型进行转换。例如一个浮点数和一个整数相加，必须先将两个数转换成同一类型。C 语言程序中的类型转换可分为隐式类型转换和显式类型转换两种。

（1）隐式类型转换

隐式类型转换又称为自动类型转换，隐式类型转换可分为三种：算术转换、赋值转换和输出转换。

① 算术转换

进行算术运算（加、减、乘、除、取余以及符号运算）时，不同类型数据必须转换成同一类型的数据才能运算。算术转换原则为：在进行运算时，以表达式中所占内存最大的类型为主，将其他类型数据均转换成该类型，如：

● 若运算数中有 double 型或 float 型，则其他类型数据均转换成 double 类型进行运算。

● 若运算数中最长的类型为 long 型，则其他类型数均转换成 long 型数。

● 若运算数中最长类型为 int 型，则 char 型也转换成 int 型进行运算。

② 赋值转换

进行赋值操作时，赋值运算符右边的数据类型必须转换成赋值号左边数据的类型，若右边数据类型的长度大于左边，则要进行截断或舍入操作。

③ 输出转换

在程序中将数据用 printf()函数以指定格式输出时，若要输出的数据类型与输出格式不符，便自动进行类型转换，如一个整型数据用字符型格式（%c）输出时，相当于将 int 型转换成 char 型数据输出；一个字符型数据用整型格式输出时，相当于将 char 型转换成 int 型输出。

需要注意的是，较长型数据转换成短型数据输出时，其值不能超出短型数据允许的值范围，否则转换时将出错。

（2）显式类型转换

显式类型转换又称为强制类型转换，所谓显式类型转换指的是使用强制类型转换运算符，将一个变量或表达式转化成所需的类型，这种类型转换有可能会造成数据的精度丢失。其基本语法格式如下所示：

（类型名）（表达式）

例如：定义一个 int 型变量 num，若要将其转换为 float 类型，可直接用"(float)(num);"表达。

上述讲解，看起来很简单，但在使用时有许多细节需要注意，具体如下。

① 浮点型与整型

将浮点数（单、双精度）转换为整数时，舍弃浮点数的小数部分，只保留整数部分。将整型值赋给浮点型变量，数值不变，只将形式改为浮点形式，即小数点后带若干个 0。需要注意的是，赋值时的类型转换实际上是强制的。

② 单、双精度浮点型

由于 C 语言中的浮点值总是用双精度表示的，所以 float 型数据参与运算时，只需要在尾部加 0 延长为 double 型数据即可。double 型数据转换为 float 型时，会造成数据精度丢失，有效位以外的数据将会进行四舍五入。

③ char 型与 int 型

将 int 型数值赋给 char 型变量时，只保留其最低 8 位，高位部分舍弃。

将 char 型数值赋给 int 型变量时，一些编译程序不管其值大小都作正数处理，而另一些编译程序在转换时会根据 char 型数据值的大小进行判断，若值大于 127，就作为负数处理。对于使用者来讲，如果原来 char 型数据取正值，转换后仍为正值。如果原来 char 型值可正可负，则转换后也仍然保持原值，只是数据的内部表示形式有所不同。

④ int 型与 long 型

long 型数据赋给 int 型变量时，将低 16 位值送给 int 型变量，而将高 16 位截断舍弃（这里假定 int 型占两个字节）。将 int 型数据送给 long 型变量时，其外部值保持不变，而内部形式有所改变。

⑤ 无符号整数

将一个 unsigned 型数据赋给一个长度相同的整型变量时（如：unsigned→int、unsigned long→long、unsigned short→short），内部的存储方式不变，但外部值却可能改变。

将一个 int 数据赋给一个长度相同的 unsigned int 型变量时，内部存储形式不变，但外部表示时总是无符号的。

案例实现

```
1  #include <stdio.h>
2  int main()
3  {
4      int num1, num2;
5      printf("请输入两个整数：\n");
6      scanf("%d%d", &num1,&num2);
7      printf("和：%d\n", num1 + num2);
```

```
8        printf("差：%d\n", num1 - num2);
9        printf("积：%d\n", num1 * num2);
10       printf("商：%d\n", num1 / num2);                        //除数不能为 0
11       printf("商：%0.2f\n", (float)num1 / (float)num2);       //强制类型转换
12       printf("余：%d\n", num1 % num2);
13       return 0;
14  }
```

运行结果如图 2-11 所示。

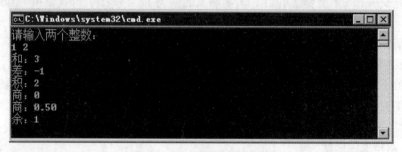

图2-11 【案例6】运行结果

在本案例中，当从键盘输入 1 和 2 两个整数时，分别输出了两个数的和、差、积、商、余数。

第 6 行代码调用 scanf()函数读取从键盘输入的两个数；第 7～12 行代码分别输出两个数的相应运算值。注意：第 10、11 行代码都是求两个数的商，但结果却有所区别，第 10 行代码求出 1/2 的结果为 0（int 类型）；第 11 行代码将 num1 与 num2 转换为 float 类型再进行除运算，结果也以%f 格式输出，结果为 0.50。表达式 "%0.2f" 中的 "0.2" 表示取小数点后两位有效数字。

需要特别注意的是：在求商时，除数不能为 0，如果为 0，程序会因异常而终止。

 多学一招：赋值运算符

赋值运算符的作用是将常量、变量或表达式的值赋给某一个变量。C 语言中的赋值运算符及其用法如表 2-4 所示。

表 2-4 赋值运算符

运算符	运算	范例	结果
=	赋值	a=3;b=2;	a=3;b=2;
+=	加等于	a=3;b=2;a+=b;	a=5;b=2;
-=	减等于	a=3;b=2;a-=b;	a=1;b=2;
*=	乘等于	a=3;b=2;a*=b;	a=6;b=2;
/=	除等于	a=3;b=2;a/=b;	a=1;b=2;
%=	模等于	a=3;b=2;a%=b;	a=1;b=2;

在表 2-4 中，"=" 的作用不是表示相等关系，而是进行赋值运算，即将等号右侧的值赋给等号左侧的变量。使用赋值运算符时需要注意以下几个问题。

1. C 语言中可以通过一条赋值语句对多个变量进行赋值，具体示例如下：

```
int x, y, z;
x = y = z = 5;           // 为三个变量同时赋值
```

在上述代码中，一条赋值语句可以同时为变量 x、y、z 赋值，这是由于赋值运算符的结合性为"从右向左"，即先将 5 赋给变量 z，然后再把变量 z 的值赋给变量 y，最后把变量 y 的值赋给变量 x，表达式赋值完成。需要注意的是，下面的这种写法在 C 语言中是不可取的。

```
int  x = y = z = 5;       // 这样写是错误的
```

2．在表 2-4 中，除了"="，其他的都是特殊的赋值运算符，接下来以"+="为例，学习特殊赋值运算符的用法，示例代码如下：

```
int x=2;
x+=3;
```

上述代码中，执行表达式 x += 3 后，x 的值为 5。这是因为在表达式 x+=3 中的执行过程为：

（1）将 x 的值和 3 的执行相加。

（2）将相加的结果赋值给变量 x。

所以，表达式 x+=3 就相当于 x = x + 3，先进行相加运算，再进行赋值。-=、*=、/=、%= 赋值运算符都可依此类推。

【案例 7】　自增与自减

案例描述

从键盘输入一个整数 num，有两个关于 num 的表达式：

（1）--num；

（2）(++num)+(num++)*(num--)。

请计算两个表达式的结果。

案例分析

这两个表达式都使用到自增自减运算符，如果想要求算出结果，则需要掌握自增运算符"++"和自减运算符"--"的含义。

必备知识

1．自增自减运算符

运算符"++"为自增运算符。在进行自增运算时，如果运算符放在操作数的前面，则是先进行自增运算，再参与其他运算。反之，如果运算符放在操作数的后面，则是先进行运算，再进行自增。

运算符"--"为自减运算符，它与操作数结合的含义与自增运算符是相同的。

理解了这两个运算符的含义后，计算案例中的两个表达就比较容易了。

2．运算符优先级

数学中的算术运算符都是有一定优先级的，比如括号里的表达式先进行运算、在复杂的表达式里遵循先乘除后加减的原则等等。同样，在计算中各种运算符也具有优先级，用来明确表达式中所有运算符参与运算的先后顺序。C 语言中各种运算符的优先级如表 2-5 所示，数字越小优先级越高。

表 2-5　运算符优先级

优先级	运算符
1	.　 □　()
2	++　--　~　!　(数据类型)
3	*　/　%
4	+　-
5	<<　>>　>>>
6	<　>　<=　>=
7	==　!=
8	&
9	^
10	|
11	&&
12	||
13	?:（三目运算符）
14	=　*=　/=　%=　+=　-=　<<=　>>=　>>>=　&=　^=　|=

没有必要去刻意记忆运算符的优先级。编写程序时，尽量使用括号"()"来实现想要的运算顺序，以免产生歧义。

关于运算符的优先级与结合性，请参考附录Ⅱ。

案例实现

1. 完整代码

```
1   #include <stdio.h>
2   int main()
3   {
4       int num;
5       printf("请输入一个整数：\n");
6       scanf("%d", &num);
7       printf("第一个表达式结果：%d\n", --num);
8       printf("第二个表达式结果：%d\n", (++num) + (num++) * (num--));
9       return 0;
10  }
```

运行结果如图 2-12 所示。

图2-12　【案例7】运行结果

2. 代码详解

由图 2-12 可知，当从键盘输入 100 时，--num 的结果为 99；(++num) + (num++) + (num--) 结果为 10100。下面详细分析两个结果的由来。

对于"--num"，因为自减运算符"--"在 num 前面，所以 num 先进行自减运算再被输出，即 num 先由 100 减小到 99 再输出。

对于"(++num) + (num++) * (num--)"，表达式可分为三个部分：(++num)、(num++)、(num--)；

第一部分：(++num)先进行自增再参与运算，所以它参与运算时值为 100（在第 7 行代码中 num 先自减到了 99）；

第二部分：(num++)先参与运算再进行自增，所以其参与运算时值为 100；

第三部分：(num--)先进行运算再自减，所以参与运算时值为 100；

在整个表达式中先乘后加，所以值为 10100。

 多学一招：运算符优先级口诀

虽然运算符优先级的规则较多，但有口诀来帮助记忆，完整口诀是"单算移关与，异或逻条赋"，具体解释如下所示：

1. "单"表示单目运算符：逻辑非（!）、按位取反（~）、自增（++）、自减（--）、取地址（&）、取值（*）；
2. "算"表示算术运算符：乘、除、求余（*, /, %）级别高于加减（+, -）；
3. "移"表示按位左移（<<）和位右移（>>）；
4. "关"表示关系运算符：大小关系（>, >=, <, <=）级别高于相等不相等关系（==, !=）；
5. "与"表示按位与（&）；
6. "异"表示按位异或（^）；
7. "或"表示按位或（|）；
8. "逻"表示逻辑运算符，逻辑与（&&）级别高于逻辑或（||）；
9. "条"表示条件运算符（?:）；
10. "赋"表示赋值运算符（=, +=, -=, *=, /=, %=, >>=, <<=, &=, ^=, |=, !=）；

需要注意的是，三目运算符（,）级别最低，口诀中没有表述，需另外记忆。

【案例 8】 偷天换日

案例描述

大家都了解"偷天换日"的意思，但在本案例中偷换的不是天日，而是两个变量的值。例如，定义两个整型变量 a 与 b，从键盘输入它们的值，使 a=1，b=2；但在输出时令 a=2，b=1。请编程实现该功能。

案例分析

我们都知道，数据 1 和 2 在计算机中是以二进制的 0 和 1 来表示的，对数据的操作，其实是对二进制的 0 和 1 进行操作。

　　如果想要交换两个变量的值，可以使用位运算符中的异或运算符"^"对两个变量进行操作，经过几次异或运算，每个变量的二进制位上的 0 和 1 符号都会发生变化，因此两个变量的值就会发生改变。要想知道异或运算究竟做了什么，为何能够交换两个变量的值，下面请认真学习位运算符。

必备知识

位运算符

　　位运算符是针对二进制数的每个二进制位进行运算的符号，专门针对数字 0 和 1 进行操作。C 语言中的位运算符及其范例如表 2-6 所示。

表 2-6　位运算符

运算符	运算	范例	结果
&	按位与	0 & 0	0
		0 & 1	0
		1 & 1	1
		1 & 0	0
|	按位或	0 | 0	0
		0 | 1	1
		1 | 1	1
		1 | 0	1
~	取反	~0	1
		~1	0
^	按位异或	0 ^ 0	0
		0 ^ 1	1
		1 ^ 1	0
		1 ^ 0	1
<<	左移	00000010<<2	00001000
		10010011<<2	01001100
>>	右移	01100010>>2	00011000
		11100010>>2	11111000

　　下面针对每个运算符的含义进行讲解。

　　（1）与运算符

　　与运算符"&"是将参与运算的两个二进制数进行"与"运算，如果两个二进制位都为 1，则该位的运算结果为 1，否则为 0。例如将 6 和 11 进行与运算，6 对应的二进制数为 00000110，11 对应的二进制数为 00001011，具体演算过程如下所示：

$$00000110$$
$$\&$$
$$00001011$$

$$00000010$$

运算结果为 00000010，对应数值 2。

（2）或运算符

位运算符"|"是将参与运算的两个二进制数进行"或"运算，如果二进制位上有一个值为 1，则该位的运行结果为 1，否则为 0。例如将 6 与 11 进行或运算，具体演算过程如下：

```
        00000110
    |
        00001011
    ─────────────────
        00001111
```

运算结果为 00001111，对应数值 15。

（3）取反运算符

位运算符"~"只针对一个操作数进行操作，如果二进制位是 0，则取反值为 1；如果二进制位是 1，则取反值为 0。例如，将 6 进行取反运算，具体演算过程如下：

```
    ~    00000110
    ─────────────────
        11111001
```

运算结果为 11111001，对应数值-7。

（4）异或运算符

位运算符"^"的功能是：将参与运算的两个二进制数进行"异或"运算，如果二进制位相同，则值为 0，否则为 1。例如将 6 与 11 进行异或运算，具体演算过程如下：

```
        00000110
    ^
        00001011
    ─────────────────
        00001101
```

运算结果为 00001101，对应数值 13。

（5）左移运算符

位运算符"<<"的功能是：将操作数所有二进制位向左移动一位。运算时，右边的空位补 0。左边移走的部分舍去。例如，一个 byte 类型的数字 11 用二进制表示为 00001011，将它左移一位，具体演算过程如下：

```
        00001011        <<1
    ─────────────────
        00010110
```

运算结果为 00010110，对应数值 22。

（6）右移运算符

位运算符">>"的功能是：将操作数所有二进制位向右移动一位。运算时，左边的空位根据原数的符号位补 0 或者 1（原来是负数就补 1，是正数就补 0）。例如一个 byte 的数字 11 用二进制表示为 00001011，将它右移一位，具体演算过程如下：

```
        00001011            >>1
```

00000101

运算结果为 00000101，对应数值 5。

案例实现

1．案例设计

如果从键盘输入两个数 a 与 b，先取得 a^b 的结果；用 b 异或这个结果，即 b=b^(a^b)，则 b 的值就会变成 a 的值；再用（a^b）异或操作 b，则 a 的值就会变成 b 的值。

假设 a=1，其二进制表示为 00000001；b=2，其二进制表示为 00000010，那么 a 与 b 进行值互换的过程如下：

（1）a^b=00000011；

（2）b = b^(a^b) = 00000001（现在 b 的值是 1）；

（3）a = (a^b)^b = 00000010。

由以上交换结果可知，经过多次或运算后，实现了 a 与 b 的值互换。

2．完整代码

```
1   #include <stdio.h>
2   int main()
3   {
4       int a , b;
5       printf("请输入 a 与 b 的值：\n");
6       scanf("%d%d", &a, &b);
7       a = a^b;
8       b = b^a;
9       a = a^b;
10      printf("a = %d, b = %d\n", a, b);
11      return 0;
12  }
```

运行结果如图 2-13 所示。

图2-13　【案例8】运行结果

3．代码详解

第 7~9 行代码是两个变量交换的过程，结合案例分析与设计，读者可输入别的变量值来验证结果的正确性。

【案例9】 **比大小**

案例描述

从键盘输入两个数，比较两个数的大小，并输出较大的数。例如，从键盘输入 1、2 两个整数，则输入 2，请编程实现该功能。

案例分析

要比较两个数的大小，需要用到关系运算符；比较出大小再将较大的数输出，则可以使用三目运算符。下面就来学习关系运算符与三目运算符。

必备知识

1. 关系运算符

关系运算符用于对两个数值或变量进行的比较，其结果是一个逻辑值（"真"或"假"），如"5>3"，其值为"真"。C 语言的关系运算中，"真"用数字"1"来表示，"假"用数字"0"来表示。表 2-7 列出了 C 语言中的关系运算符及其用法。

表 2-7　关系运算符

运算符	运算	范例	结果
==	相等于	4 == 3	0
!=	不等于	4 != 3	1
<	小于	4 < 3	0
>	大于	4 > 3	1
<=	小于等于	4 <= 3	0
>=	大于等于	4 >= 3	1

请思考下面表达式的结果：

```
printf("%d", 5 <= 4 > 1);
```

上述表达式结果为 0。该表达式首先计算 5<=4，返回 0，再计算 0>1，返回 0，最终得到的结果自然就是 0。需要注意的是，在使用关系运算符时，不能将关系运算符"=="误写成赋值运算符"="。

2. 三目运算符

如果在条件语句中，只执行单个的赋值运算符时，通常可以使用"?:"，它是一个三目运算符，即有三个参与运算的表达式。

三目运算符的语法格式如下所示：

```
表达式 1 ? 表达式 2 ： 表达式 3
```

上面的表达式中，先求解表达式 1，若其值为真（非 0），则将表达式 2 的值作为整个表达式的取值，否则（表达式 1 的值为 0）将表达式 3 的值作为整个表达式的取值。

> **注 意**
>
> 1. 条件运算符"？"和"："是一对运算符，不能分开单独使用。
> 2. 条件运算符的结合方向自右向左，例如 a>b?a:c>d?c:d 应该理解为 a>b?a:(c>d?c:d)，这也是三目运算符的嵌套情形，即其中的表达式 3 又是一个条件表达式。

案例实现

```
1   #include <stdio.h>
2   int main()
3   {
4       int a, b;
5       printf("请输入两个整数：\n");
6       scanf("%d%d", &a, &b);
7       printf("%d 较大\n", (a>b?a:b));
8       return 0;
9   }
```

运行结果如图2-14所示。

图2-14 【案例9】运行结果

在本案例中，第 7 行代码就是使用三目运算符来判断并输出较大的数值的。"a>b?a:b"表达式的含义为：如果 a>b 成立则输出 a，否则输出 b。

 多学一招：逻辑运算符

逻辑运算符用于判断数据的真假，其结果仍为"真"或"假"。表 2-8 列举了 C 语言中的逻辑运算符及其范例。

表 2-8 逻辑运算符

运算符	运算	范例	结果
!	非	!a	如果 a 为假，则 !a 为真 如果 a 为真，则 !a 为假
&&	与	a&&b	如果 a 和 b 都为真，则结果为真否则为假
||	或	a||b	如果 a 和 b 有一个或一个以上为真，则结果为真 如果二者都为假，则结果为假

当使用逻辑运算符时，有一些细节需要注意，具体如下：

1. 逻辑表达式中可以包含多个逻辑运算符，例如，!a\|\|a>b。

2. 三种逻辑运算符的优先级从高到低依次为：!、&&、\|\|。

3. 运算符"&&"表示与操作，当且仅当运算符两边的表达式结果都为真时，其结果才为真，否则结果为假。如果左边为假，那么右边表达式是不会进行运算的，具体示例如下：

```
a+b<c&&c==d
```

若 a=5，b=4，c=3，d=3，由于 a+b 的结果大于 c，表达式 a+b<c 的结果为假，因此，右边表达式 c==d 不会进行运算，表达式 a+b<c&&c==d 的结果为假。

4. 运算符"||"表示或操作，当且仅当运算符两边的表达式结果都为假时，其结果为假。同"&&"运算符类似，如果运算符"||"左边操作数的结果为真，右边表达式是不会进行运算的，具体示例如下：

```
a+b<c||c==d
```

若 a=1，b=2，c=4，d=5，由于 a+b 的结果小于 c，表达式 a+b<c 的结果为真，因此，右边表达式 c==d 不会进行运算，表达式 a+b<c||c==d 的结果为真。

【案例 10】 从尾到头

案例描述

从键盘输入一个三位的整数 num，将其个、十、百位倒序生成一个数字输出，例如，若输入 123，则输出 321。请编程实现该功能。

案例分析

一个三位数，将其个、十、百位倒序形成一个数，则需要分别求算出它的个、十、百位数字。求出个、十、百位数字后，将其倒序组合即可。

求算个位数字对 10 取模，十位数字先除以 10 再对 10 取模，百位数字直接除以 100；在运算过程中将会用到算术运算符，这些运算符在案例 4 中已经讲解，本案例不再赘述。

案例实现

```
1   int main()
2   {
3       int num;                    //要从键盘输入的数据
4       int a, b, c;                //个、十、百位
5       printf("请输入一个整数:\n");
6       scanf("%d", &num);
7       a = num % 10;
8       b = num / 10 % 10;
9       c = num / 100;
10      printf("%d\n", 100*a + 10*b + c);
11      return 0;
12  }
```

运行结果如图 2-15 所示。

图2-15　【案例10】运行结果

本章小结

　　本章主要讲解了 C 语言中的数据类型以及运算符。其中包括进制、基本数据类型、类型转换、运算符与表达式等。通过本章的学习，读者应能掌握 C 语言中数据类型及其运算的一些相关知识。熟练掌握本章的内容，可以为后面的学习打下坚实的基础。

【思考题】

1. 请简述如何将十进制数转换为二进制。
2. 请简述你对三目运算符的理解。

The C Programming Language

3 Chapter

第 3 章
结构化程序设计

学习目标

● 理解算法的概念

● 能够使用流程图画出顺序、选择、
循环三种语句的执行流程

● 要求熟练使用 if、switch 语句判断各种
选择情况，掌握嵌套使用

● 熟练运用 while、do...while、for 三种
循环结构的思想解决实际问题

● 熟练掌握 break、continue、goto
语句的用法

前面章节的案例中所讲知识都是基本的语法知识，仅靠这些无法编写出完整的程序，在程序中还需要加入业务逻辑对流程进行控制。本章将通过一些有趣的案例，来学习最基本的三种程序流程控制语句。

【案例 1】　画"图"

案例描述

有三个数 x、y、z，请设计一个算法找出其中最小的数，并画出算法流程图。

案例分析

很多读者在看到题目时，在大脑里就迅速想到了用什么方法找到这个最小的数，但针对所用的方法，读者能准确描述出来并画出流程图吗？本案例并不难，但要想顺利实现，还需要认真学习算法与流程图的相关知识。

必备知识

1. 算法的概念

算法（Algorithm）是解决特定问题的步骤描述。问题的解决方案就是算法，例如，新学期开学，从家到学校的交通方式这个问题，就有很多解决方案：有的学生乘坐火车，有的学生乘坐汽车，有的学生乘坐飞机；在本市的可能会自己开车或乘坐公共汽车，离学校近的可能会步行来学校。每一种方案都能解决从家到学校的问题，因此每一种方案都是一种算法，这么多解决方法就是这么多种算法。

同样，在计算机中，算法也是对某一个问题求解方法的描述，只是它的表现形式是计算机指令的有序序列，执行这些指令就能解决特定的问题。例如，本案例用计算机求解三个数中的最小数，就是解决一个问题；而找出最小数的一种方法，就是一个算法。

一个算法，尤其是一个成熟的算法，应该具有以下五个特性。

（1）确定性：算法的每一步都有确定的含义，不会出现二义性。即在相同条件下，只有一条执行路径，相同的输入，只会是相同的输出结果。

（2）可行性：算法的每一步都是可执行的，通过执行有限次操作来实现其功能。

（3）有穷性：一个算法必须在执行有穷步骤之后结束，且每一步都在有穷时间内完成。这里的有穷概念不是数学意义上的，而是指在实际应用当中可以接受的、合理的时间和步骤。

（4）输入：算法具有零个或多个输入。有些输入量需要在算法执行过程中输入；有的算法表面上没有输入，但实际上输入量已经被嵌入在算法之中。

（5）输出：算法至少具有一个或多个输出。"输出"是一组与"输入"有对应关系的量值，是算法进行信息加工后得到的结果。

2. 流程图

在程序设计中，算法有三种较为常用的表示方法：伪代码法、N–S 结构化流程图和流程图法。用得最多的是流程图法，下面就简单地介绍算法的此种表示方法。

流程图是描述问题处理步骤的一种常用图形工具，它由一些图框和流程线组成，使用流程图描述问题的处理步骤形象直观、便于阅读。画流程图时必须按照功能选用相应的流程图符号，常用的流程图符号如图 3-1 所示。

图 3-1 所示的流程图符号中，列举了四个图框、一个流程线和一个连接点，具体说明如下：

● 起止框用于表示流程的开始或结束；

● 输入/输出框用平行四边形表示，在平行四边形内可以写明输入或输出的内容；

● 判断框用菱形表示，它的作用是对条件进行判断，根据条件是否成立来决定如何执行后续的操作；

● 处理框用矩形表示，它代表程序中的处理功能，如算术运算和赋值等；

● 流程线用实心单向箭头表示，可以连接不同位置的图框，流程线的标准流向是从左到右和从上到下，可用流程线指示流向；

● 连接点用圆形表示，用于流程图的延续。

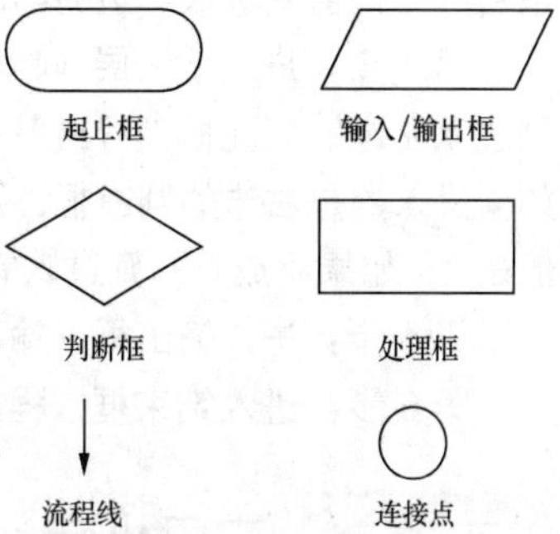

起止框   输入/输出框

判断框   处理框

流程线   连接点

图3-1 流程图符号

案例实现

1. 算法设计

求 x、y、z 三个数中的最小值，其步骤如下所示：

（1）判断 $x>y$ 是否成立，如果成立，进入第（2）步；如果不成立，进入第（3）步；

（2）判断 $y>z$ 是否成立，如果成立，则 z 为最小数；如果不成立，则 y 为最小数；

（3）判断 $x>z$ 是否成立，如果成立，则 z 为最小数；如果不成立，则 x 为最小数。

2. 流程图

根据设计的算法，画出相应的流程图，如图 3-2 所示。

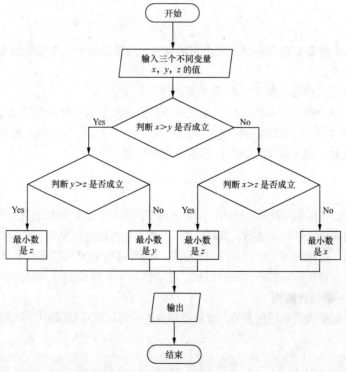

图3-2 求三个数中的最小值

图 3-2 表示的是一个求三个数中的最小值的流程图，下面针对该流程图中的执行顺序进行说明，具体如下：

第 1 步：程序开始；

第 2 步：进入输入/输出框，输入三个变量值 x、y、z；

第 3 步：进入判断框，判断 $x>y$ 是否成立，如果成立，则进入左边的判断框，继续判断 $y>z$ 是否成立；否则进入右边的判断框，判断 $x>z$ 是否成立；

第 4 步：进入下一层判断框。如果进入的是左边的判断框，判断 $y>z$ 是否成立，如果成立，则进入左边的处理框，得出最小值是 z；如果不成立，则进入右边的处理框，得出最小值为 y。如果进入的是右边的判断框，则判断 $x>z$ 是否成立，如果成立，则进入左边的处理框，得出最小值是 z；如果不成立，则进入右边的处理框，得出最小值是 x；

第 5 步：进入输出框，输出结果；

第 6 步：进入结束框，程序运行结束。

【案例 2】 三只小猪

案例描述

想必大家小时候都听过三只小猪的故事，这次的案例也与三只小猪有关，但是今天的故事中没有凶恶的大灰狼，我们关心的只是这三只小猪的体重。案例要求任意输入三个分别代表三只小猪体重的整数，通过编程使这三个整数从小到大排序，并将排序的结果显示在屏幕上。

案例分析

（1）先定义三个整型变量来存储三只小猪的体重，然后定义一个整型变量来作为交换两个数字时用到的临时变量；

（2）依次输入三只小猪的体重，即三个整数；

（3）之后对这三个数进行两两比较，使之从小到大排序，并输出到屏幕上。

在第（3）步中需要用到选择结构语句中的 if 条件判断语句，只有先掌握其用法才能成功进行比较，进而完成此案例。接下来请先认真学习此知识点。

必备知识

在日常生活中经常需要做判断，比如，在十字路口需要对交通灯的状态进行判断，如果前面是红灯，就等候；如果是绿灯，就通行。同样，在 C 语言中也经常需要对一些条件做判断，从而决定执行哪一段代码，这时就需要使用选择结构语句。选择结构语句又可分为 if 条件语句和 switch 条件语句，接下来先对 if 语句进行详细的讲解，在案例 3 中会继续讲解 switch 条件语句。

1. if 语句——单分支结构

在 if 语句中，如果满足 if 后的条件，就进行相应的处理。在 C 语言中，if 语句的具体语法格式如下：

```
if (判断条件)
{
```

```
        代码块
}
```

上述语法格式中，判断条件的值只能是 0 或非 0，若判断条件的值为 0，按"假"处理；若判断条件的值为非 0，按"真"处理，执行{}中的语句。if 语句的执行流程如图 3-3 所示。

2. if…else 语句——双分支结构

在 if…else 语句中，如果满足 if 后的条件，就进行相应的处理，否则就进行另一种处理。if…else 语句的具体语法格式如下：

```
if (判断条件)
{
        执行语句1
        ……
}
else
{
        执行语句2
        ……
}
```

上述语法格式中，判断条件的值只能是 0 或非 0，若判断条件的值为非 0，按"真"处理，if 后面{}中的执行语句 1 会被执行；若判断条件的值为 0，按"假"处理，else 后面{}中的执行语句 2 会被执行。if…else 语句的执行流程如图 3-4 所示。

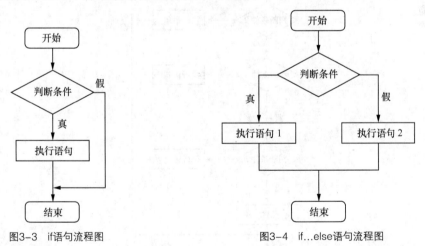

图3-3　if语句流程图　　　　　　图3-4　if…else语句流程图

3. if…else if…else 语句——多分支结构

if…else if…else 语句用于对多个条件进行判断，从而进行多种不同的处理。if…else if…else 语句的具体语法格式如下：

```
if (判断条件1)
{
        执行语句1
}
else if (判断条件2)
{
        执行语句2
```

```
}
……
else if (判断条件 n)
{
    执行语句 n
}
else
{
    执行语句 n+1
}
```

上述语法格式中，判断条件的值只能是 0 或非 0，若判断条件的值为非 0，按 "真" 处理，if 后面{}中的执行语句 1 会被执行；若判断条件的值为 0，按 "假" 处理，继续执行判断条件 2；若判断条件 2 的值为非 0，则执行语句 2，以此类推。如果所有判断条件的值都为 0，意味着所有条件都不满足，else 后面{}中的执行语句 n+1 会被执行。if...else if...else 语句的执行流程如图 3-5 所示。

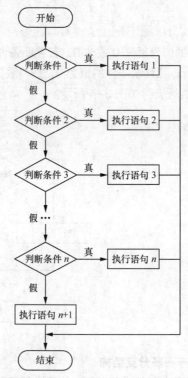

图3-5　if...else if...else语句的流程图

案例实现

1. 案例设计

（1）定义变量 a、b、c、t，它们均为 int 类型；

（2）使用输入函数获取三个数值，一次赋给 a、b、c；

（3）使用 if 语句进行条件判断，如果 a 大于 b，则借助中间变量 t 交换 a 和 b 的值，同理可

以比较 *a* 和 *c*、*b* 和 *c*，最终得到的结果便是 *a*、*b*、*c* 的升序排列；

（4）使用输出函数将 *a*, *b*, *c* 依次进行输出。

2. 完整代码

```
1   #include <stdio.h>
2   int main()
3   {
4       int a,b,c,t;
5       printf("Please input a,b,c:\n");
6       scanf("%d%d%d",&a,&b,&c);         //分别输入三个整数
7       if (a>b)                          //如果a大于b，则交换a与b的值
8       {
9           t=a;                          //a与b的交换过程，t为临时变量
10          a=b;
11          b=t;
12      }
13      if (a>c)                          //如果a大于c，则交换a与c的值
14      {
15          t=a;                          //a与c的交换过程，t为临时变量
16          a=c;
17          c=t;
18      }
19      if (b>c)                          //如果b大于c，则交换b与c的值
20      {
21          t=b;                          //b与c的交换过程，t为临时变量
22          b=c;
23          c=t;
24      }
25      printf("%d,%d,%d\n",a,b,c);       //输出最后结果
26      return 0;
27  }
```

运行结果如图 3-6 所示。

图3-6　【案例2】运行结果

【案例 3】　自动贩卖机

案例描述

自动贩卖机是能根据用户的选择和用户投入的钱币自动付货的机器。它是商业自动化的常用设备，不受时间、地点的限制，能节省人力、方便交易，是一种全新的商业零售形式，又被称为"24 小时营业的微型超市"，如今在日常生活中几乎随处可见。

本案例要求通过编程模拟一个简单的饮料自动贩卖机。贩卖机内有三种饮料，分别是 Coffee、

Tea、Coca-Cola。在屏幕上显示出饮料列表，然后提示用户选择其中一种，当用户输入完毕后，在屏幕上输出用户选择的结果。

案例分析

通过分析我们知道，此案例可以用刚刚学过的 if...else if...else 语句来实现，但是由于判断条件比较多，实现起来不方便，不便于阅读。这时就可以使用 C 语言中的 switch 语句来实现这种需求。接下来让我们认真学习 switch 条件语句吧。

必备知识

1. switch 条件语句

switch 条件语句也是一种很常用的选择语句，和 if 条件语句不同，它只能针对某个表达式的值做出判断，从而决定程序执行哪一段代码。在 switch 语句中，switch 关键字后面有一个表达式，case 关键字后面有目标值，当表达式的值和某个目标值匹配时，会执行对应的 case 语句。接下来通过一段伪代码来描述 switch 语句的基本语法格式，具体如下：

```
switch (表达式)
{
    case 目标值1:
        执行语句1
        break;
    case 目标值2:
        执行语句2
        break;
    ……
    case 目标值n:
        执行语句n
        break;
    default:
        执行语句n+1
        break;
}
```

在上面的语法格式中，switch 语句将表达式的值与每个 case 中的目标值进行匹配，如果找到了匹配的值，就会执行相应 case 后的语句，否则执行 default 后的语句。switch 语句中 break 语句的作用是跳出 switch 语句，它是跳转语句的一种。

switch 语句的流程图如图 3-7 所示。

2. 跳转语句（break、continue、goto）

跳转语句用于实现循环执行过程中程序的跳转，在 C 语言中，跳转语句有 break 语句、goto 语句和 continue 语句。接下来分别进行详细的讲解。

（1）break 语句

在 switch 条件语句和循环语句中都可以使用 break 语句。当它出现在 switch 条件语句中时，

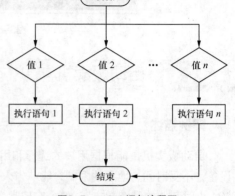

图3-7　switch语句流程图

作用是终止某个 case 并跳出 switch 结构；当它出现在循环语句中，作用是跳出当前循环语句，执行后面的代码。需要注意的是，break 语句不能用于循环语句（循环语句将在案例 4 ~ 案例 6 中讲解）和 switch 语句之外的任何其他语句。

（2）continue 语句

在循环语句中，如果希望立即终止本次循环，并执行下一次循环，就需要使用 continue 语句。

注 意

break 与 continue 的区别：

● break 终止当前循环，执行循环体外的第一条语句；而 continue 是终止本次循环，继续执行下一次循环。

● break 语句可以用于 switch 语句，而 continue 不可以。

（3）goto 语句

当 break 语句出现在嵌套循环中的内层循环时，它只能跳出内层循环，如果想要跳出外层循环则需要对外层循环添加标记，然后使用 goto 语句。

需要注意的是，结构化程序设计方法主张限制使用 goto 语句，goto 语句可以跳转到指定的任意语句，滥用该语句将使程序流程无规律、可读性差。

案例实现

1. 案例设计

（1）用 printf() 函数设计出自动贩卖机的商品界面；

（2）用 switch 分支结构来决定程序中的选择问题；

（3）在选择饮料之后，输出结果之前使用了一次清屏语句，这样能更清晰直观地观察输出到屏幕的选择结果。

2. 完整代码

```
1   #include <stdio.h>
2   #include <stdlib.h>
3   int main()
4   {
5       int drink;                          //定义整型变量 drink 来储存饮料信息
6       printf("********************\n");    //输出设计好的界面
7       printf("**  Choose One    **\n");
8       printf("**  1. Coffee     **\n");
9       printf("**  2. Tea        **\n");
10      printf("**  3. Coca-Cola  **\n");
11      printf("********************\n");
12      printf("Please input 1 or 2 or 3:\n");  //输出提示信息
13      scanf("%d",&drink);                  //输入 1 或者 2 或者 3 代表不同饮料
14      system("cls");                       //清屏，需要引用头文件 stdlib.h
15      switch(drink)                        //根据 drink 决定输出结果
16      {
17      case 1:                              //如果输入 1
18          printf("The coffee was chosen.");  //代表选择了咖啡
```

```
19          break;                                  //此句跳出循环
20      case 2:                                      //如果输入2
21          printf("The tea was chosen.");          //代表选择了茶
22          break;                                  //此句跳出循环
23      case 3:                                      //如果输入3
24          printf("The coca-Cola was chosen.");//代表选择了可乐
25          break;                                  //此句跳出循环
26      default:
27          printf("\n error!\n");
28          break;                                  //此句跳出循环
29      }
30       printf("\n");
31       return 0;
32  }
```

运行结果如图 3-8 和图 3-9 所示。

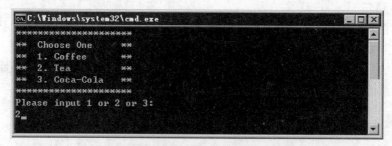

图3-8　【案例3】运行结果-1

图3-9　【案例3】运行结果-2

 多学一招：if 语句与 switch 语句的异同

switch 结构语句只进行相等与否的判断；而 if 结构语句还可以进行大小范围上的判断。

switch 无法处理浮点数，只能进行整数的判断，case 标签值必须是常量；而 if 语句则可以对浮点数进行判断。

若要根据几个常量，如 "1, 2, 3…" 或 "A, B, C…" 进行选择时，可优先使用 switch 语句，因为这种情况下使用 switch 构造的代码结构清晰，可读性较好。虽然使用 else if 语句可以实现同样的功能，但是其可读性较差，容易出现漏判或重复判断等情况。另外从性能方面考虑，switch 语句中只需经过一次比较就可以正确地找到跳转分支，平均情况下跳转次数为 1，而 else if 语句需要对每个条件逐一判断，直到找到符合条件的分支，比较次数至少为 1，使用 switch 语句更为高效。

但是当需要处理逻辑表达式时，只能使用 if 语句，因为 switch 无法进行逻辑判断。

综上，switch 和 if 语句各有优劣，在实际开发中，应根据具体问题，选择适合该问题的结构语句。

【案例 4】 冰雹猜想

案例描述

"冰雹猜想",又叫"角谷猜想",是由日本数学家角谷静夫发现的一种数学现象,同时角谷静夫提出一切自然数都具此种性质的设想,故称"角谷猜想"。它的具体内容是:以一个正整数 n 为例,如果 n 为偶数,就将它变为 $n/2$;如果除后变为奇数,则将它乘 3 加 1(即 $3n+1$)。不断重复这样的运算,经过有限步后,是否一定可以得到 1? 据日本和美国的数学家攻关研究,所有小于 7×10^{11} 的自然数,都符合这个规律。

在数学文献里,冰雹猜想也常常被称为"$3X+1$ 问题",因为对于任意一个自然数,若为偶数则除以 2,若为奇数则乘 3 再加 1,将得到的新自然数按照此规则继续算下去,若干次后得到的结果必然为 1。

案例要求用编程验证冰雹猜想。

案例分析

接下来先通过几个实例来验证一下冰雹猜想。

(1)比如自然数 10,根据冰雹猜想的规则,其变化过程如下:

$10 \rightarrow 5 \rightarrow 16 \rightarrow 8 \rightarrow 4 \rightarrow 2 \rightarrow 1$

经过多步操作后的最终结果为 1,所以 $n=10$ 时猜想成立。

(2)比如自然数 35,根据冰雹猜想的规则,其变化过程如下:

$35 \rightarrow 106 \rightarrow 53 \rightarrow 160 \rightarrow 80 \rightarrow 40 \rightarrow 20 \rightarrow 10 \rightarrow 5 \rightarrow 16 \rightarrow 8 \rightarrow 4 \rightarrow 2 \rightarrow 1$

最终结果也为 1,所以 $n=35$ 时猜想成立。

针对自然数 27,按照上述方法进行运算,则它的上浮下沉异常剧烈:首先,27 要经过 77 步的变换到达顶峰值 9232,然后又经过 32 步到达谷底值 1。全部的变换过程(称作"雹程")需要 111 步,其顶峰值达到原有数字 27 的 341.93 倍,如果以瀑布般的直线下落(2 的 N 次方)来比较,则具有同样雹程的数字 N 要达到 2 的 111 次方。其对比何其惊人!

通过上述分析可知,想要实现此过程并验证猜想,最好使用循环结构,请先认真学习 while 循环和 do...while 循环的知识。

必备知识

在实际生活中人们经常会将同一件事情重复做很多次,比如走路会重复使用左右脚,打乒乓球会重复挥拍的动作等。同样在 C 语言中,也经常需要重复执行同一代码块,这时就需要使用循环语句。循环语句分为 while 循环语句、do...while 循环语句和 for 循环语句三种。本案例中先进行 while 循环语句和 do...while 循环语句,for 循环语句将在案例 5 中学习。

1. while 循环语句

while 循环语句和条件判断语句有些相似,都是根据条件判断的结果来决定是否执行大括号内的执行语句。区别在于,while 语句会反复地进行条件判断,只要条件成立,{}内的执行语句就会一直执行,直到条件不成立,while 循环才会结束。while 循环语句的具体语法格式如下:

```
while (循环条件)
{
    执行语句
    ........
}
```

在上面的语法格式中，{}中的执行语句被称作循环体，循环体是否执行取决于循环条件的判断结果：当循环条件的值非 0 时，循环体就会被执行。循环体执行完毕时会继续判断循环条件，直到循环条件的值为 0 时，整个循环过程才会结束。

while 循环的执行流程如图 3-10 所示。

2. do...while 循环语句

do...while 循环语句和 while 循环语句功能类似，区别是 while 语句需要先判断循环条件，再根据判断结果来决定是否执行大括号中的代码；而 do...while 循环语句先要执行一次大括号内的代码再判断循环条件，其语法格式如下：

```
do
{
    执行语句
    ........
}while(循环条件);
```

在上面的语法格式中，关键字 do 后面{}中的执行语句是循环体。do...while 循环语句将循环条件放在了循环体的后面，这也就意味着，循环体会无条件执行一次，然后再根据循环条件来决定是否继续执行。

do...while 循环的执行流程如图 3-11 所示。

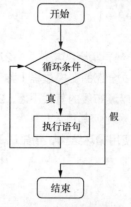

图3-10　while循环的流程图

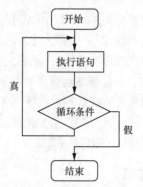

图3-11　do...while循环的执行流程

案例实现

1. 案例设计

（1）先定义一个整型变量 n 来存储数字，然后再定义一个整型变量 count 作为计数器，输出数字时显示在数字前作为序号；

（2）从键盘接收一个自然数后直接进入 do...while 循环；

（3）然后根据 n 奇偶性的不同，执行不同的操作，当 $n=1$ 时退出循环；

（4）当 *n* 为奇数时，把 *n* 乘以 3 再加 1；当 *n* 为偶数时，把 *n* 除以 2。

2. 完整代码

```
1   #include <stdio.h>
2   int main()
3   {
4       int n;
5       int count = 1;                    //计数器，作为序号
6       printf("Please input a number: ");
7       scanf("%d",&n);                   //输入一个自然数 n
8       do{
9           if(n % 2)                     //如果不能被 2 整除，执行 if 语句里面的代码
10          {
11              n = n * 3 + 1;            //把 n 乘以 3 再加 1
12              printf("(%d):%d\n",count++,n);
13          }
14          else                          //如果能被 2 整除，则执行 else 语句里面的代码
15          {
16              n /= 2;                   //把 n 除以 2
17              printf("(%d):%d\n",count++,n);
18          }
19      }while(n!=1);                     //当 n 等于 1 时退出循环
20      return 0;
21  }
```

运行结果如图 3-12 和图 3-13 所示。

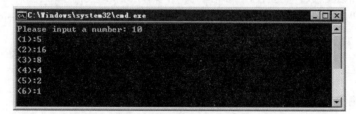

图3-12　【案例4】运行结果-1

图3-13　【案例4】运行结果-2

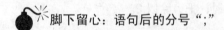 脚下留心: 语句后的分号 ";"

程序中的许多语句之后都需要添加 ";", 但在使用 while 循环语句时, 若在()后面加分号, 就会造成循环条件与循环体的分离。如下面的代码:

```
while(1);
{
    printf("无限循环");
}
```

由于在 while 循环条件后加了分号, 循环体将无法执行, 而且这种小错误在排查时很难被发现, 读者在编写程序时要留心。

【案例 5】 水仙花数

案例描述

所谓水仙花数就是一个三位数, 它每一位数字的 3 次幂之和都等于它本身。例如 153 是水仙花数, 各位数字的立方和为 $1^3 + 5^3 + 3^3 = 153$。

本案例要求设计程序, 算出所有的水仙花数。

案例分析

水仙花数是一个三位数, 因此要求出所有水仙花数, 需要将 100 ~ 999 范围内的所有数都遍历, 要遍历这个范围的数, 需要使用循环语句, 在案例 4 中, 我们学习了 while 和 do...while 两种循环语句, 可以解决此问题, 但本案例中我们要使用一种新的循环语句——for 循环语句, 下面就请认真学习 for 循环结构语句的使用方法。

必备知识

for 循环结构语句

for 循环结构语句通常用于循环次数已知的情况, 其具体语法格式如下:

```
for (初始化表达式; 循环条件; 操作表达式)
{
    执行语句
    ………
}
```

在上面的语法格式中, for 关键字后面()中包括了初始化表达式、循环条件和操作表达式三部分内容, 它们之间用 ";" 分隔, {}中的执行语句为循环体。

for 循环语句的流程图如图 3–14 所示。

for 循环语句中表达式较多, 下面以图 3–14 为例对 for 循环的执行逻辑进行详细讲解。

第一步, 初始化表达式确定初始条件;

第二步, 进入到循环条件, 判断初始化的条件是否成立, 如果成立, 则执行{}内的语句; 如果不成立就结束;

第三步，执行完{}内的语句后，执行操作表达式，将条件改变；

第四步，改变条件后，再去执行循环条件，判断条件改变后是否成立，重复第二步；如此依次循环，直到条件不成立。

案例实现

1. 案例设计

要判断一个数是否是水仙花数，算法设计如下。

（1）因为水仙花数是一个三位数，所以确定数据的取值范围为 100～999；控制取值范围可以使用 for 循环结构语句。

（2）使用第二章中学习的各种运算符把数据的个位、十位、百位拆分，求各位数字的立方和：

① 将此数对 10 取余，即可得到个位上的数字；

② 将此数整除以 10，然后对 10 取余，即可得到十位上的数字；

③ 将此数整除以 100，即可得到百位上的数字；

（3）求出各位数字的立方和，判断它与数本身是否相等，若相等，则此数是水仙花数；否则不是水仙花数。判断两个数值是否相等可以使用案例 2 中学习的选择结构语句。

通过上面的讲解，读者对流程图符号有了简单的认识，那么就根据水仙花数的算法设计画出本案例的流程图，如图 3-15 所示。

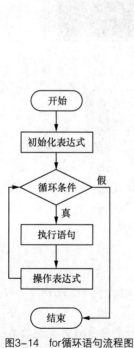

图3-14　for循环语句流程图

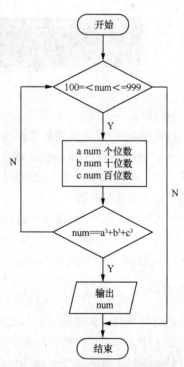

图3-15　求水仙花数流程图

根据图 3-15 中求水仙花数的流程图可知，在编写程序时，首先用 for 循环控制数据的取值范围为 100～999；然后在 for 循环中求出数据的个、十、百位；最后用 if 语句判断三位数字的立方和是否和所取数值相等。如果相等则输出数值，继续循环；如果不相等，直接进入下一次循环。直到 for 循环中条件不成立。

2. 完整代码

```
1   #include <stdio.h>
2   int main()
3   {
4       int num;                              //定义整型变量 num 表示此数字
5       int a, b, c;
6       printf("水仙花数：\n");
7       for (num = 100; num <= 999; num++)     //数字范围为[100,999]
8       {
9           a = num % 10;                      //num 的个位数字
10          b = num / 10 % 10;                 //num 的十位数字
11          c = num / 100;                     //num 的百位数字
12          if (num == (a*a*a + b*b*b + c*c*c)) //水仙花数的判定条件
13              printf("%d ", num);
14      }
15      printf("\n");
16      return 0;
17  }
```

运行结果如图 3-16 所示。

图3-16 【案例5】运行结果

3. 代码详解

在第 7 行代码中用 for 循环语句控制 num 的取值范围为 100~999。

首先 num=100，判断 num<=999 成立，执行第 9~13 行代码。

计算出 100 的个位数字为 0，十位数字为 0，百位数字为 1。判断 $1^3+0^3+0^3=1$，与数据 100 不相等，则 100 不是水仙花数。

进入下一次循环，执行 for 语句中的 num++，num 值变为 101，判断 num<=999 成立，再次执行 9~13 行代码……直到 num<=999 不成立，退出循环。

由图 3-16 可知水仙花数共有 153、370、371、407 这四个。

 多学一招：自幂数

自幂数是指每一位上数字的 n 次幂之和等于它本身的 n 位数。例如：当 n 为 3 时，有 $1^3+5^3+3^3=153$，153 即是 n 为 3 时的一个自幂数。

根据 n 的值不同，自幂数可分为多种，每种自幂数都有一个非常好听有趣的名字：

n 为 1 时，自幂数称为独身数。显然，0，1，2，3，4，5，6，7，8，9 都是自幂数；

n 为 2 时，没有自幂数；

n 为 3 时，自幂数称为水仙花数，有 4 个：153，370，371，407；

n 为 4 时，自幂数称为四叶玫瑰数，有 3 个：1634，8208，9474；

n 为 5 时，自幂数称为五角星数，有 3 个：54748，92727，93084；

n 为 6 时，自幂数称为六合数，只有 1 个：548834；

n 为 7 时，自幂数称为北斗七星数，有 4 个：1741725，4210818，9800817，9926315；

n 为 8 时，自幂数称为八仙数，有 3 个：24678050，24678051，88593477；

n 为 9 时，自幂数称为九九重阳数，有 4 个：146511208，472335975，534494836，912985153；

n 为 10 时，自幂数称为十全十美数，只有 1 个：4679307774。

有兴趣的读者可以自行编写程序求算不同位数的自幂数。

【案例 6】 百钱百鸡

案例描述

中国古代数学家张丘建在他的《算经》中提出了一个著名的"百钱百鸡问题"：一只公鸡值五钱，一只母鸡值三钱，三只小鸡值一钱，现在要用百钱买百鸡，请问公鸡、母鸡、小鸡各多少只？

案例分析

如果用一百钱只买一种鸡，那么，公鸡最多 20 只，母鸡最多 33 只，小鸡最多 300 只。但题目要求买 100 只，所以小鸡的数量在 0 到 100 之间，公鸡数量在 0 到 20 之间，母鸡数量在 0 到 33 之间。我们把公鸡、母鸡和小鸡的数量分别设为 cock、hen、chicken，通过上述分析可知：

（1）0<=cock<=20；

（2）0<=hen<=33；

（3）0<=chicken<=100；

（4）cock+hen+chicken=100；

（5）5*cock+3*hen+chicken/3=100。

与此同时，可知母鸡、小鸡和公鸡的数量相互限制，可以使用三层循环嵌套来解决此问题。在实现案例之前，先来学习完成程序需要的知识。

必备知识

循环的嵌套

有时为了解决一个较为复杂的问题，需要在一个循环中再定义一个循环，这样的方式被称作循环嵌套。在 C 语言中，while、do…while、for 循环语句都可以进行嵌套，并且它们之间也可以互相嵌套。常用的几种嵌套语句如表 3-1 所示。

表 3-1　常用的几种循环嵌套

常用的循环嵌套形式		
while() { 　while() 　{….} }	do { 　do{…}while(); }while();	for(; ;) {… 　for(; ;) 　{…} }

续表

常用的循环嵌套形式		

while()
{
  do{...}while();
}
	for(; ;)
	{ ...
	  while(){...}
	  ...
	}
		do
		{...
		  for(; ;)
		  {...}
		  ...
		} while();

其中 for 循环嵌套是最常见的循环嵌套，其语法格式如下所示：

```
for(初始化表达式；循环条件；操作表达式)
{
    ......
    for(初始化表达式；循环条件；操作表达式)
    {
        执行语句；
        ......
    }
    ......
}
```

案例实现

1．案例设计

（1）先定义三个整型变量分别用来存储公鸡、母鸡和小鸡；

（2）第一层 for 循环控制公鸡的数量，第二层 for 循环控制母鸡的数量，第三层 for 循环控制小鸡的数量；

（3）根据这三层循环我们可以得到很多种方案，但是其中有很多是不符合条件的，我们要把合理的方案筛选出来，即把满足"cock+hen+chicken=100"和"5*cock+3*hen+chicken/3=100"的方案输出。

2．完整代码

```
1   #include <stdio.h>
2   int main()
3   {
4       int cock, hen, chicken;
5       for (cock = 0; cock <= 20; cock++)              //控制公鸡的数量
6       for (hen = 0; hen <= 33; hen++)                 //控制母鸡的数量
7       for (chicken = 0; chicken <= 100; chicken++)    //控制小鸡的数量
8       {
9           if((5*cock+3*hen+chicken/3.0 ==100)&&(cock + hen + chicken == 100))
10              printf("cock=%2d,hen=%2d,chicken=%2d\n", cock, hen, chicken);
11          //将满足条件的方案，直接输出到屏幕上
12      }
```

```
13      return 0;
14  }
```

第9行代码把条件（5）改成了"5*cock+3*hen+chicken/3.0=100"，这是因为 C 语言中两个整数相除得到的结果仍为整数，"/"两边如果有一个数是 float 类型时，所得结果为 float 型。在以后编程时要注意对"/"两边数据类型进行处理。

运行结果如图 3-17 所示。

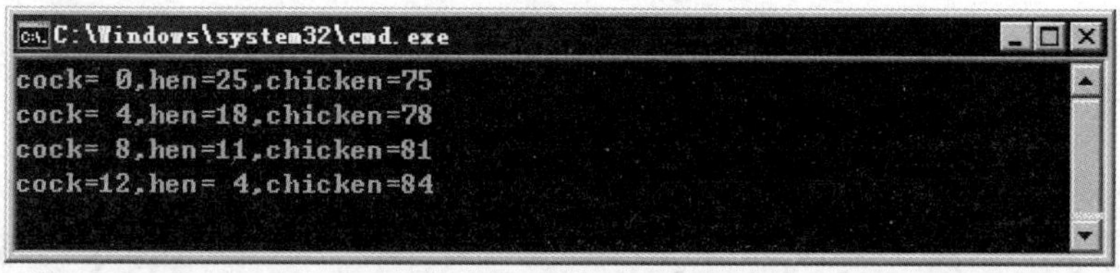

图3-17 【案例6】运行结果

 多学一招：算法优化

上述算法需要尝试 21×34×101=72114 次，为了提高效率，可以对算法进行优化。当公鸡和母鸡的数量确定后，小鸡数量固定为 100-cock-hen，此时约束条件只剩条件（5）了，代码如下：

```
1   #include <stdio.h>
2   int main()
3   {
4       int cock,hen,chicken;
5       for(cock = 0; cock <= 20; cock++)
6           for (hen = 0; hen <= 33; hen++)
7           {
8               chicken = 100 - cock - hen;
9               if(5*cock+3*hen+chicken/3.0 == 100)
10                  printf("cock=%2d,hen=%2d,chicken=%2d\n",cock,hen,chicken);
11          }
12      return 0;
13  }
```

此算法只需尝试 21×34=714 次，大大缩短了运算时间。

【案例 7】 掷骰子

案例描述

小时候玩游戏经常会用到骰子，骰子占据了童年记忆的一部分，它虽然很小，但是作用极大。今天也要玩一个关于掷骰子的游戏，规则为：一盘游戏中，两人轮流掷骰子 5 次，并将每次掷出的点数累加，5 局之后，累计点数较大者获胜，点数相同则为平局。案例要求通过编程算出 50 盘之后的胜利者（50 盘中赢的盘数最多的，即最终胜利者）。

案例分析

（1）每次掷出的点数都是 1~6 的一个随机数。

（2）为了分出每盘的胜负，必须把两人骰子点数的累加值分别记录下来。

（3）为了分出整体的胜负，必须把两人胜利的盘数分别记录下来。

本案例中骰子的点数将使用随机数函数生成，在实现本案例之前，需要先学习随机数函数相关知识。

必备知识

随机数

C 语言产生随机数要用到的是 rand()函数和 srand()函数。random()函数不遵循 ANSI C 标准，在 gcc、vc 等编译器下不能通过编译。

（1）若是为了生成一个无范围限制的随机数，只需用 rand()函数即可。rand()函数会返回一个随机数，范围是 0~RAND_MAX。RAND_MAX 定义在 stdlib.h 中，其值为 2147483647。

（2）如果要生成某个范围内的随机数，一般分两种情况：第一种是从 0 开始的随机数，比如要生成 0~10 的随机数，利用 rand()函数对 10 取余，即 rand()%10；第二种是不从 0 开始的随机数，比如要生成范围是 5~25 的随机数，利用 rand()函数对 25-5=20 取余再加上 5，即 rand()%20+5。

（3）以上两种情况生成的随机数都是一次性的，以后无论再运行多少次，输出结果都将与第一次相同。为了使程序在每次执行时都能生成一个新序列的随机值，需要为随机数生成器提供一粒新的随机种子。此时需要用到 srand()函数，该函数可以为随机数生成器播散种子。只要种子不同，rand()函数就会产生不同的随机数序列。srand()称为随机数生成器的初始化器。其函数原型为：

```
void srand(unsigned int seed);
```

该函数中的参数 seed 是种子，用来初始化 rand()的起始值。其功能为：从 srand(seed)中所指定的 seed 开始，返回一个在[0, RAND_MAX]之间的随机整数。rand()函数是真正的随机数产生器，srand()函数为 rand()函数提供随机数种子。srand((unsigned int)time(NULL))表示使用系统定时器的值作为随机数种子。

系统在调用 rand()函数之前都会自动调用 srand()函数，如果用户在调用 rand()函数之前没有调用过 srand()函数，那么系统会默认将 1 作为伪随机数的初始值。如果用户在调用 rand()函数之前曾经调用过 srand()函数，并给参数 seed 赋了一个值，那么 rand()函数就会将此值作为产生随机数的初始值。如果给 seed 一个固定值，那么每次 rand()函数产生的随机数都将是一样的。

我们通常使用系统时间来进行初始化，即使用 time()函数获取系统时间，它的返回值是 time_t 类型的，要转化为 unsigned int 类型之后再传给 srand()函数。另外，如果使用 time()，还需要加入头文件"time.h"。

在使用 time()函数时，其参数一般为 NULL，即直接传入空指针即可。如果觉得时间间隔太小，可以乘上合适的整数，比如 srand((unsigned int)time(NULL)*5)。

案例实现

1. 案例设计

（1）引入需要用到的三个头文件；

（2）在主函数中调用 srand() 函数设置随机数种子；

（3）外层循环实现 50 盘游戏中两人胜负盘数的累计，内层循环计算两人每盘掷出的随机点数；

（4）循环结束后，得出最终结果，经过比较分出胜负并输出结果到屏幕上。

2. 完整代码

```
1   #include <stdio.h>
2   #include <time.h>
3   #include <stdlib.h>
4   int main()
5   {
6       srand((unsigned int)time(NULL));      //使用系统定时器的值作为随机数种子
7       int d1, d2, c1, c2, i, j;
8       c1 = c2 = 0;
9       for (i = 1; i <= 50; i++)             //表示 50 盘游戏，循环执行 50 次
10      {
11          d1 = d2 = 0;
12          for (j = 1; j <= 6; j++)     //循环 6 次，配合循环内部代码，把骰子点数累加
13          {
14              d1 = d1 + rand()%6 + 1;      //生成 1~6 的随机数，并把 d1 累加
15              d2 = d2 + rand()%6 + 1;      //生成 1~6 的随机数，并把 d2 累加
16          }
17          if(d1 > d2)                      //如果累加点数 d1 大于 d2，则给第一个人胜局加 1
18              c1++;
19          else if(d1 < d2)                //如果累加点数 d1 小于 d2，则给第二个人胜局加 1
20              c2++;
21      }
22      if (c1 > c2)                        //如果第一个人的总胜局多于第二个人
23      {
24          printf("\nThe first win.");//第一个人取得胜利
25      }
26      else                               //否则
27      {
28          if (c1 < c2)                   //如果第一个人的总胜局少于第二个人
29              printf("\nThe second win.");   //第二个人取得胜利
30          else                           //如果两人获胜局数相等
31              printf("\nThey tie.");         //他们打成平手
32      }
33      return 0;
34  }
```

运行结果如图 3-18 所示。

图3-18 【案例7】运行结果

【案例8】 九九乘法表

案例描述

乘法口诀是中国古代筹算中进行乘法、除法、开方等运算的基本计算规则，沿用至今已有两千多年。古时的乘法口诀，自上而下，从"九九八十一"开始，到"一一如一"为止，与现在使用的顺序相反，因此古人用乘法口诀开始的两个字"九九"作为此口诀的名称。案例要求通过编程在屏幕上打印出九九乘法表。

案例分析

九九乘法表一共有九行。每行等式的数量和行号相等，例如第二行包含两个等式，第六行包含六个等式，以此类推，第九行包含九个等式。根据其特点可知应该使用双层循环来解决此问题。

案例实现

1. 案例设计

（1）定义整型变量 i 控制行数的输出，定义整型变量 j 控制等式数量的输出；

（2）第一个 for 循环用来控制乘法表中每行的第一个因子和表的行数，很明显 i 的取值范围为 1~9；

（3）第二个 for 循环中变量 j 取值范围的确定建立在第一个 for 循环的基础上，它的最大取值是第一个 for 循环中变量的值。也就是说，j 的取值范围根据行数变化，运行到第几行，j 的最大值就是几；

（4）为了控制格式，将乘法表分行，需要在每行的末尾输出一个换行符。

2. 完整代码

```
1   #include <stdio.h>
2   int main()
3   {
4       int i, j;                              //定义i，j两个变量
5       for (i = 1; i <= 9; i++)               //i为九九乘法表的行数
6       {
7           for (j = 1; j <= i; j++)           //j的取值范围受i的影响
8               printf("%d*%d=%d ", i, j, i *j); //输出九九乘法表的值
9           printf("\n");                      //打完每行之后输出一个换行符
10      }
11      return 0;
12  }
```

运行结果如图 3-19 所示。

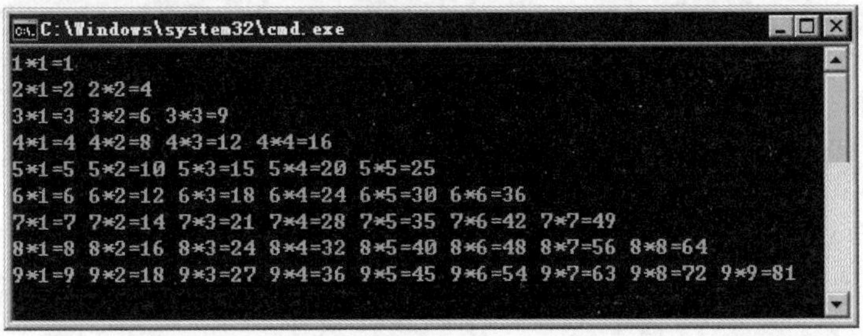

图3-19 【案例8】运行结果

【案例9】 自守数

案例描述

如果某个数平方的末尾几位等于该数自身，那么就称这个数为自守数。例如，0 和 1 的平方的个位数仍然是 0 和 1，所以 0 和 1 是自守数，称为平凡自守数。很显然，5 和 6 是一位自守数，因为 $5\times5=25$，$6\times6=36$。而 25 和 76 是两位自守数，因为 $25\times25=625$，$76\times76=5776$，当然还有三位自守数，四位自守数等等，在此不再一一介绍。

自守数有一个特性：以它为后几位的两个数相乘，乘积的后几位仍是这个自守数。例如 5 是自守数，以 5 为个位数的两个数相乘，乘积的个位仍然是 5；76 是自守数，以 76 为后两位数的两个数相乘，其结果的后两位仍是 76，如 $176\times576=101376$。

案例要求编程求出 0～10000 的所有自守数，并依次输出到屏幕上。

案例分析

根据自守数的定义可知，案例的关键是知道当前所求数的位数。由于数字范围控制在了10000 以内，所以直接求出此数的平方后再截取最后相应的位数，和原数比较，判断是否相同即可。

案例实现

1. 案例设计

（1）用 for 循环遍历 1～10000 的所有整数；
（2）求出当前循环中此数的平方和此数的位数；
（3）通过对此数的平方取余求出此数的尾数；
（4）判断尾数是否和此数相等，如果相等则为自守数，将此数输出到屏幕上。

2. 完整代码

```
1  #include <stdio.h>
2  #include <math.h>
3  int main()
```

```
4   {
5       int i, a, k, m;              //此数为 i
6       for(i = 1; i < 10000; i++)   //在 1～10000 的范围内依次检验
7       {
8           a = i;                   //把 i 的值赋给 a
9           a *= a;                  //求出 a 的平方即 i 的平方
10          k = log10(i) + 1;        //求出 i 的位数 k
11          for(m = 1; k; k--)
12              m *= 10;
13          a %= m;                  //通过取余求出尾数
14          if(a == i)               //判断 i 的平方的尾数是否等于 i
15              printf("%d\n", i);   //输出所有自守数
16      }
17      return 0;
18  }
```

运行结果如图 3-20 所示。

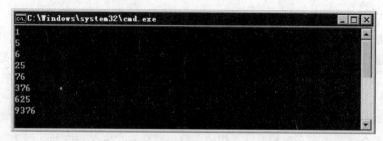

图3-20　【案例9】运行结果

【案例 10】 回文素数

案例描述

　　若整数 *i* 从左向右读与从右向左读是相同的数，且 *i* 为素数，则称其为回文素数。所谓素数是指只能由 1 和它本身整除的整数。

　　对于偶数位的整数，只有 11 是回文素数。也就是说，除了 11 以外，所有的 2 位整数都不是回文素数。所有的 4 位整数、6 位整数、8 位整数中也不存在回文素数。但是三位回文素数有很多，比如：101、131、151、181、191、313 等。本案例要求通过编程求出所有小于 1000 的回文素数。

案例分析

　　因为要对所有 1000 以内的整数进行判断，所以此处适合用循环结构语句；又因为要判断是否为素数以及判断是否为回文素数，所以一定会用到选择结构语句。此案例综合了本章这两个重要的知识点，请灵活运用学过的知识解决此案例。

案例实现

1. 案例设计

（1）先采用穷举法对 1000 以内所有整数进行遍历，判断其是否为素数。判断一个数是否为素数的关键在于，判定整数能否被 1 和它自身之外的其他整数所整除，如果都不能整除，则此数为素数。

（2）如果此数为素数，则继续判断此数是两位数还是三位数。

（3）如果为两位数，则判断其十位和个位是否相同，如果相同则说明此数为回文素数；如果是三位数，则判断其百位和个位是否相同，如果相同则说明此数为回文素数。

（4）最后将所有小于 1000 的回文素数打印输出到屏幕上即可。

2. 完整代码

```
1   #include <stdio.h>
2   int main()
3   {
4       int flag;
5       //定义整型变量 flag 用来记录是否为素数，1 代表是，0 代表不是
6       int n;
7       int i;
8       for (n = 10; n < 1000; n++)
9       {
10          for (i = 2; i < n; i++)
11          {
12              flag = 1;                      //flag 默认为 1
13              if (n % i == 0)
14              {
15                  flag = 0;                  //如果不符合素数要求，则把 flag 置为 0
16                  break;                     //并跳出循环
17              }
18          }
29          if(flag == 1)                      //判断是否是素数
20          {
21
22              if (n / 100 == 0)              //判断是否是两位数
23              {
24                  if (n / 10 == n % 10)      //判断十位和各位是否相同
25                  {
26                      printf("%4d", n);
27                  }
28              }
29              else
30              {
31                  if (n / 100 == n % 10)     //判断百位和个位是否相同
```

```
32              {
33                  printf("%4d", n);
34              }
35          }
36      }
37  }
38  printf("\n");
39  return 0;
40 }
```

运行结果如图 3-21 所示。

```
C:\Windows\system32\cmd.exe
11 101 131 151 181 191 313 353 373 383 727 757 787 797 919 929
```

图3-21　【案例10】运行结果

【案例 11】 薪水问题

案例描述

薪水是上班族最关心的问题，对于即将步入社会的我们也同样重要，毕业后找到一份高薪的工作不但能让家人放心，而且能够提升自己和家人的生活质量。每个人都想拿到更高的薪水，这就需要我们拥有强大的工作能力了。

已知某公司有一批销售员工，其底薪为 2000 元，员工销售额与提成比例如下：

（1）当销售额≤3000 时，没有提成；

（2）当 3000<销售额≤7000 时，提成 10%；

（3）当 7000<销售额≤10000 时，提成 15%；

（4）当销售额>10000 时，提成 20%。

案例要求利用 switch 语句编写程序，通过输入员工的销售额，计算出其薪水总额并输出到屏幕上。

案例分析

案例明确要求使用 switch 语句，因为 case 语句后必须为整数，所以只能将销售额与提成的关系转换成一些整数与提成的关系。比如，以 1000 为单位，计算出销售系数：

（1）当销售额≤3000 时，其销售系数为 0、1、2 和 3；

（2）当 3000<销售额≤7000 时，其销售系数为 4、5、6 和 7；

（3）当 7000<销售额≤10000 时，其销售系数为 8、9 和 10；

（4）当销售额>10000 时，其销售系数大于 10。

所以，如果销售额恰好为 1000 的整数倍，则销售系数为此倍数；否则，将销售额整除 1000后加 1。如此便可使用销售系数计算对应的薪水了。

案例实现

1. 案例设计

（1）定义出员工的基础薪水并初始化；

（2）分别定义两个整型变量存储销售系数和销售额；

（3）输入销售额，通过案例分析中的转换获得销售系数；

（4）根据不同的销售系数计算出提成，并累加到薪水中；

（5）把最终的薪水输出到屏幕上。

2. 完整代码

```
1  #include <stdio.h>
2  int main()
3  {
4      double salary = 2000;                //员工的基础薪水
5      int k;                               //定义整型变量，存储销售系数
6      int sale;                            //定义整型变量，存储销售额
7      printf("Please input the sales : \n"); //请输入销售额
8      scanf("%d",&sale);                   //将输入的销售额存储到变量 sale 中
9      if (sale % 1000 == 0)                //如果是 1000 的整数倍
10     {
11         k = sale / 1000;                 //获得销售系数
12     }
13     else                                 //否则
14     {
15         k = sale / 1000 + 1;             //将销售系数+1
16     }
17     switch(k)
18     {
19     case 0:                              //销售系数是 0～3 的提成为 0
20     case 1:
21     case 2:
22     case 3:
23         break;
24     case 4:                              //销售系数是 4～7 的提成为 10%
25     case 5:
26     case 6:
27     case 7:
28         salary += sale * 0.1;            //把提成累加到薪水中
29         break;
30     case 8:                              //销售系数为 8～10 的提成为 15%
31     case 9:
32     case 10:
33         salary += sale * 0.15;
34         break;
35     default:                             //其他情况，即销售系数超过 10 的提成为 20%
36         salary += sale * 0.2;
```

```
37          break;
38      }
39      printf("The salary is : \n%5.2lf\n",salary);    //输出员工的薪水
40      return 0;
41  }
```

运行结果如图 3-22 所示。

图3-22　【案例11】运行结果

本章小结

　　本章首先讲解了算法的基本概念和程序的运行流程图，然后讲解了 C 语言中最基本的流程控制语句：选择结构语句和循环语句。通过对本章案例的学习与实践，读者应该能够熟练地运用 if 判断语句、switch 判断语句、while 循环语句、do...while 循环语句以及 for 循环语句的相关知识与使用方法。在难度稍高的案例中，进一步应用了三种循环语句和选择结构语句的相互嵌套处理复杂的问题。读者应尽力掌握本章所有案例，并能将案例中的知识用于实践，为后面章节的学习打下坚实基础。

【思考题】

　　1. 请思考什么样的算法才算是一个成熟的算法。

　　2. 请思考 while 语句与 do...while 语句的区别。

The C Programming Language

4 Chapter

第 4 章
函数

学习目标

- 掌握函数的概念及相关定义
- 掌握局部变量与全局变量的作用域
- 掌握函数的调用方法
- 了解外部函数和内部函数的定义

C 语言是一种结构化程序设计语言，函数是其基本模块，当程序实现的功能较为复杂时，可提取程序中的某些功能，模块化为一个函数，通过函数的调用执行某个功能，如此将一个冗杂的程序分化开来，可使程序的结构更为清晰。本章通过一些简单案例，讲解函数的定义、调用方法及其他相关知识。

【案例 1】 求平均值

案例描述

从键盘输入一组数据，求出这一组数据的平均值并输出。例如，若输入 1、2、3 三个数，则求得的平均值是 2。请编程实现该功能。

案例分析

本案例中可以将"求一组数据的平均值"视为一个功能并提取出来，构造成一个函数。在实现案例之前，先来学习一下函数的相关定义及概念。

必备知识

1. 函数的定义

在 C 语言中，最基础的程序模块就是函数。函数被视为程序中基本的逻辑单位，一个 C 程序由一个 main()函数和若干个普通函数组成。

定义一个 C 函数的语法格式如下：

```
返回值类型 函数名([[参数类型 参数名1], [参数类型 参数名2],…, [参数类型 参数名n]])
{
    函数体
    ……
    return 返回值;
}
```

由以上定义可知，函数中主要包含：返回值类型、函数名、参数类型、参数名、函数体、return 关键字和返回值。每个部分代表不同的含义，下面来逐一讲解。

● 返回值类型：用于限定函数返回值的数据类型，当返回值类型为 void 时，return 语句可以省略。

● 函数名：表示函数的名称。

● 参数类型：用于限定调用函数时传入函数中的数据类型。

● 参数：用于接收传入函数中的数据。

● return 关键字：用于结束函数，将函数的返回值返回到函数调用处。

● 返回值：被 return 语句返回的值。

如果函数不需要返回值，则函数的返回值类型应被定义为 void，函数的返回值甚至 return 关键字都可以省略不写。另外，函数名后小括号中的"[[参数类型 参数名1], [参数类型 参数名2],…, [参数类型 参数名n]]"又被称为参数列表，如果函数不需要接收参数，参数列表可以为空，此时的函数被称为无参函数。

2. 函数调用时的数据传递

程序在编译或运行时，使用某个函数来完成相关功能，称为函数调用。函数在被调用时，可能会通过函数的参数列表，进行数据的传递。函数的参数有两种，分别为形式参数和实际参数。

（1）形式参数

在定义函数时，函数名后小括号中的变量名称为形式参数或虚拟参数，简称形参。例如下面的函数声明语句：

```
int func(int a,int b);
```

此行函数声明中，变量 a 和变量 b 就是形式参数，这样的参数并不占用实际内存，仅仅为了标识函数的参数列表而存在。

（2）实际参数

当函数被调用时，函数名后小括号内的参数称为实际参数，简称实参。实参可以是常量、变量或者表达式。例如下面的函数调用语句：

```
func(3,5);
```

此行代码就是对函数 func() 的调用，小括号内的数据"3"和"5"分别对应形参列表的 a 和 b。当函数被调用时，形参是真正的变量，占有内存空间，此时具体的数据"3"和"5"被传递给函数参数列表中的变量 a 和变量 b，即在函数调用时，形参获取实参的数据（相当于发生了赋值），该数据在本次函数调用中有效，一旦调用的函数执行完毕，形参的值就会被释放。另外需要注意的是，形参和实参之间的数据传递是单向的，即只能由实参传递给形参，不能由形参传递给实参。

案例实现

1. 案例设计

本案例要实现的是一个求均值的功能性程序，根据案例分析和必备知识可知，此处可将求平均值的代码模块化为一个函数，在主函数中调用求平均值的函数，将该函数计算的平均值返回到主程序中并输出。

2. 完整代码

```
1   #include <stdio.h>
2
3   //求 n 个数的均值
4   int avg(int n)
5   {
6       int sum = 0;
7       int data;
8       int i = n;
9       printf("请输入%d个数据：\n", n);
10      while (i>0)                          //输入 n 个数据
11      {
12          scanf("%d", &data);
13          sum += data;
14          i--;
15      }
```

```
16      int avg = sum / n;
17      return avg;
18  }
19
20  int main()
21  {
22      int n=3, a=0;
23      a = avg(n);                          //函数调用
24      printf("这%d 个数据的平均值为: %d\n", n,a);
25      return 0;
26  }
```

运行结果如图 4-1 所示。

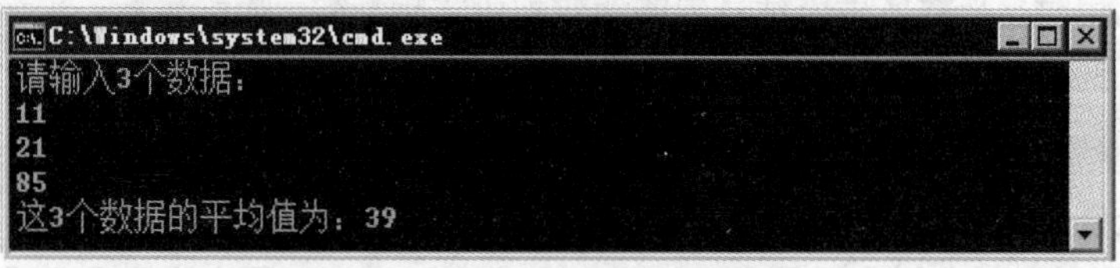

图4-1　【案例1】程序运行结果

3. 代码详解

本程序将求平均值的功能函数模块化为 avg()函数，该函数中通过 scanf()函数从键盘获取 *n* 个数据，使用 sum 对输入的数据逐个求和，在输入完毕之后，再对 sum 求均值，使用 avg 记录均值，并将均值返回。

 多学一招：内存四区

C 语言程序运行时，操作系统会为其分配内存空间，这段空间主要分为四个区域，分别为：栈区、堆区、数据区和代码区。这四个区域统称为"内存四区"。

（1）栈区

对一个程序来说，栈区是一块连续的内存区域，该区域由编译器自动分配和释放，一般用来存放函数的参数、局部变量等。由于栈顶的地址和栈区的最大容量是由系统预先规定的，因此这块区域的内存大小固定。若申请的内存空间超过栈区的剩余容量，则系统会提示溢出。

（2）堆区

对一个程序来说，堆可以是不连续的内存区域，此段区域可以由程序开发者自主申请，其使用比较灵活，但缺点是同样需要程序开发人员自主释放，若程序结束时该段空间仍未被释放，就会造成内存泄露，最后由系统回收。

（3）数据区

根据其功能，数据区又可分为静态全局区和常量区两个域。

全局区是用于存储全局变量和静态变量的区域，初始化为非 0 的全局变量和静态变量在一块区域，该区域称为 data 段；未初始化或者初始化为 0 的全局变量和静态变量在相邻的一块区域，该区域称为 bss 段。该区域在程序结束后由操作系统释放。

常量区用于存储字符串常量和其他常量，该区域在程序结束后由操作系统释放。

（4）代码区

代码区用于存放函数体的二进制代码。程序中每定义一个函数，代码区都会添加该函数的二进制代码，用于描述如何运行函数。当程序调用函数时，会在代码区寻找该函数的二进制代码并运行。

【案例2】 远水不救近火

案例描述

"远水不救近火"出自《韩非子·说林上》，意为远处的水救不了近处的火，这是因为起火的地方已经超出了水的作用范围。同样，在C语言中，不同的变量也有其不同的作用范围。若将C语言中的变量比作"水"与"火"，那么定义在不同代码段中的变量之间也有远近之分。本案例要求实现代码中不同位置变量的定义与使用。

案例分析

根据变量定义的位置，变量可分为局部变量和全局变量。局部变量和全局变量在内存中的存储位置不同，作用范围也有差异，在实现案例之前，我们先来学习局部变量和全局变量的相关知识。

必备知识

局部变量与全局变量

变量既可以定义在函数内，也可以定义在函数外。

（1）局部变量

定义在函数内部的变量称为局部变量，这些变量的作用域仅限于函数内部，函数执行完毕之后，这些变量就失去作用。举例说明，假设有如下一段代码：

```
int fun()
{
    int a=10;
    return a;
}
int main()
{
    int a=5;
    int b=fun();
    printf("a=%d,b=%d\n",a,b);
    return 0;
}
```

在该段代码中，主函数和fun()函数中都有一个变量a，这两个变量都是局部变量，主函数中变量a的作用时间为从主函数开始到主函数结束，fun()函数中变量a的作用时间为从函数被调用处到调用结束。所以此段代码输出的结果为：

```
a=5,b=10
```

"{}"可以起到划分代码块的作用，假设要在某一个函数中使用同名的变量，可以用"{}"进行划分。比如在主函数中定义了两个同名变量：

```
int main()
{
    //代码段1
    {
        int a=10;
        printf("a=%d\n",a);
    }
    //代码段2
    {
        int a=5;
        printf("a=%d\n",a);
    }
    return 0;
}
```

变量 a 定义了两次，但是每次都定义在由大括号划分的代码段中，因此此段程序可以正常运行，输出的结果为：

```
a=10
a=5
```

每个代码段中的 a 都从定义处生效，到"}"处失效。

（2）全局变量

在所有函数（包括主函数）外部定义的变量称为全局变量，它不属于某个函数，而是属于源程序，因此全局变量可以为程序中的所有函数共用，它的有效范围为从定义开始处到源程序结束。

若在同一个文件中，局部变量和全局变量同名，则全局变量会被屏蔽，在程序的局部暂时使用局部变量保存的数据。

```
int a=10;                              //全局变量a
int main()
{
    {                                  //局部变量a
        int a=5;
        printf("a=%d",a);              //全局变量a被屏蔽
    }                                  //局部变量a失效
    printf(",a=%d\n",a);
    return 0;
}                                      //全局变量a失效
```

以上代码中，全局变量 a 从定义处开始生效，直到程序运行结束才失效，期间其效果被主函数代码段中的局部变量 a 屏蔽，在代码段中局部变量 a 生效。本段代码运行结果为：

```
a=5,a=10
```

案例实现

1．案例设计

由"必备知识"部分可知，全局变量的作用范围为整个程序，局部变量的作用范围从定义处

开始，到所在层的"}"处结束，若变量名相同，全局变量将被局部变量屏蔽。根据变量的作用范围，本案例中将定义全局变量与局部变量，并利用简单的运算测试它们的作用范围。

2. 完整代码

```
1   #include <stdio.h>
2   int water = 1;                          //全局的"水"
3   void Ffire(int fire)                    //扑火
4   {
5       int water = 1;                      //局部的"水"
6       fire -= water;
7   }
8   void msg(int fire)                      //"火"是否被扑灭？
9   {
10      if (fire == 0)
11          printf("火被扑灭啦！\n");
12      else
13          printf("警报尚未解除！\n");
14  }
15  int main()
16  {
17      int fire = 1;                       //主函数中的"火"
18      Ffire(fire);                        //①扑火
19      printf(""远水"救"近火"？");
20      msg(fire);
21      {                                   //代码段
22          int water = 1;
23          int fire = 1;
24          fire -= water;                  //②扑火
25          printf(""近水"救"近火"？");
26          msg(fire);
27      }
28      msg(fire);
29      fire -= water;                      //③扑火
30      msg(fire);
31      return 0;
32  }
```

运行结果如图 4-2 所示。

图4-2 【案例2】程序运行结果

3．代码详解

本段程序中多处定义了"水（water）"与"火（fire）"，目的在于根据水与火的运算"fire-=water"，判断变量的作用范围。代码中有三处执行了"扑火"操作。

第一次扑火操作发生在 Ffire() 函数中，该函数的参数列表为一个"火"变量，分析代码可知，该函数中参与操作的 fire 变量在主函数的第 17 行代码中定义，通过参数列表传入。Ffire() 函数中还定义了一个"水"变量，并使参数列表中传入的"火"变量与其进行运算，执行"扑火"操作。第 20 行代码调用了 msg() 函数，该函数根据参数列表传入的"火"变量，判断当前火势。由图 4-2 的运行结果可知，此时火并未被扑灭。这是因为，局部的"水"在将"火"扑灭后，程序并未将操作结果返回到主函数，所以主函数中的"火"变量记录的数值不变。

第二次扑火操作发生在主函数由"{}"括起来的代码段中，其中定义了与第 2 行代码的全局变量"water"和主函数第 17 行代码中局部变量"fire"同名的变量。在代码段中执行"扑火"操作之后，代码段中调用 msg() 函数判断的结果为"火被扑灭啦！"，但在第 28 行代码中再次调用 msg() 函数时，该函数的判断结果为"警报尚未解除！"，由此可知，代码段中的"水"扑灭的只是代码段中的"火"，而非主程序中定义的"火"。

第三次扑火操作发生在主函数中的第 29 行代码，经过此操作之后，调用 msg() 函数输出的信息为"火被扑灭啦！"，此时 Ffire() 函数以及在第 21～27 行代码中定义的"水"变量均已失效，所以参与"扑火"的为第 2 行代码中定义的全局变量。

【案例 3】 计算器

案例描述

计算器是一种很方便的小工具，在 20 世纪末期尤为常见，无论是学校的小卖部，还是集市的小摊位，常常可以见到计算器的身影。随着科技的发展、计算机的普及，虽然计算器已经逐渐销声匿迹，但电脑、手机中仍然保存着这个简单的小程序。本案例中将参照计算器进行简单模拟，实现针对两个整数的四则运算。

案例分析

本案例需要实现加、减、乘、除四则运算，其中加、减、乘运算除运算符选择之外，其他操作完全一致，因此此处以乘法操作为例，对计算过程进行分析。

执行乘法操作的细节如下：

（1）乘法操作需要两个操作数，首先由用户输入一个数据，作为第一个操作数；

（2）其次用户输入一个操作符，此处应输入乘法符号；

（3）然后用户输入第二个操作数；

（4）最后用户按下回车符，将数据传入计算机内进行计算，计算器操作之后输出结果。

除法运算与乘法运算也基本相同，只是在输入第二个操作数时，需要进行判断，当第二个操作数不为 0 时才能继续往下执行。

本案例中将包含计算机编程的模块化实现以及常用的操作，下面首先来学习实现该程序将涉及的知识点。

必备知识

1. 函数调用

函数调用可分为以下三种。

（1）主函数调用普通函数

main()函数是程序的入口，程序从 main()函数开始执行，若程序中包含普通函数，普通函数则通过被 main()函数的调用来执行。以下面的代码为例：

```
void func()                    //功能函数 func()
{
    printf("func1");           //函数体
}
int main()                     //主函数 main()
{
    func();                    //调用功能函数 func()
    return 0;
}
```

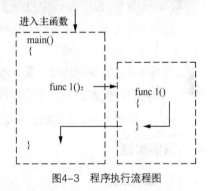

图4-3　程序执行流程图

该段伪代码包含一个主函数和一个普通的功能函数，下面通过流程图来说明其执行流程，如图 4-3 所示。

根据图 4-3 中的程序执行流程图可知，程序从 main()函数开始执行，在 main()函数的函数体中调用了函数 func1()，此时执行函数 func1()；当函数 func1()执行完毕后，继续执行主函数中的语句，直到执行到主函数中的"return 0;"，整个程序执行完毕。

（2）嵌套调用

函数的调用也可发生在普通函数之间，其执行的流程与图 4-3 相同。

```
void func()                    //功能函数 func()
{
    printf("func1");           //函数体
}
void fun1()                    //功能函数 fun1()
{
    func();                    //调用功能函数 func2()
}
```

这种调用方式也称为嵌套调用，在完整的程序中，调用功能函数 func()的函数 func1()将会被主函数或其他普通函数调用，如此就形成了函数的嵌套调用。需要注意的是，函数可以嵌套调用，但不能嵌套定义，即一个函数不能定义在另一个函数内部。

（3）递归调用

函数调用自身即为递归调用，递归调用的详细知识将在案例 4、案例 5 中讲解。

2. 函数的调用方式

调用函数的具体语法格式如下：

```
函数名([[实参列表 1],[实参列表 2],…,[实参列表 n]]);
```

主函数可以调用其他普通函数，普通函数可以互相调用，但是不能调用主函数。从上面的语法格式可以看出，当调用一个函数时，需要明确函数名和实参列表。实参列表中的参数可以是常量、变量、表达式或者为空，多个参数之间使用英文逗号分割。需要注意的是，如果调用的是无参函数，实参列表可以空，但是不能省略括号。在调用函数时，要求实参与形参必须满足三个条件：个数相等、顺序对应、类型匹配。

根据函数在程序中出现的位置，其调用方式有以下三种。

（1）将函数作为表达式调用

将函数作为表达式调用时，函数的返回值参与表达式的运算，此时要求函数必须有返回值。示例代码如下：

```
int a=max(10,20);
```

此行代码中，函数 max() 为表达式的一部分，max() 的返回值被赋给整型变量 a。

（2）将函数作为语句调用

函数以语句的形式出现时，可以将函数作为一条语句进行调用。示例代码如下：

```
printf("hello world!\n");
```

此行代码调用了输出函数 printf()，此时不要求函数有返回值，只要求函数完成一定的功能。

（3）将函数作为实参调用

将函数作为实参调用时，要求函数必须有返回值。示例代码如下：

```
printf("%d\n",max(10,20));
```

此行代码将 max() 函数的返回值作为 printf() 函数的实参来使用。

案例实现

1．案例设计

本案例模拟一个简单的计算器，实现基础的四则运算，每一个运算由一个函数独立完成。程序应实现与普通计算机相同的输入与输出，因此计算器应能判断用户要求执行的为哪种操作。本案例中使用一个字符变量记录用户输入的运算符，将运算符传递到 switch 语句中，让程序判断选择要使用的函数。因为在进行运算时需要操作数，所以每个函数的参数列表设置两个形式参数，用来接收用户输入的两个操作数。计算器在打开之后应能一直进行操作，因此案例中使用 while 语句使程序循环执行。

2．完整代码

```
1  #include <stdio.h>
2  float sum;                    //全局变量，记录计算结果
3  //加法函数
4  void Add(float op1, float op2)
5  {
6      sum = (float)op1 + op2;
7      printf("%.2f\n",sum);
8  }
9  //减法函数
10 void Sub(float op1, float op2)
```

```
11  {
12      sum = op1 - op2;
13      printf("%.2f\n", sum);
14  }
15  //乘法函数
16  void Mult(float op1, float op2)
17  {
18      sum = op1*op2;
19      printf("%.2f\n", sum);
20  }
21  //除法函数
22  void Div(float op1, float op2)
23  {
24      if (op2 == 0)
25          printf("被除数不能为 0！");
26      else
27      {
28          sum = op1 / op2;
29          printf("%.2f\n",sum);
30      }
31  }
32  //主函数
33  int main()
34  {
35      float op1, op2;            //定义两个操作数变量
36      char ch;                   //定义一个运算符
37      while (1)
38      {
39          scanf("%f%c%f", &op1, &ch, &op2);
40          switch (ch)
41          {
42          case '+':
43              Add(op1, op2);
44              break;
45          case '-':
46              Sub(op1, op2);
47              break;
48          case '*':
49              Mult(op1, op2);
50              break;
51          case '/':
52              Div(op1, op2);
53              break;
54          default:
55              break;
56          }
57      }
58      return 0;
59  }
```

运行结果如图 4-4 所示。

```
C:\Windows\system32\cmd.exe
21.5+21.4
42.90
23.5-15
8.50
12*2.1
25.20
32/3
10.67
```

图4-4　【案例3】程序运行结果

3. 代码详解

本案例中的程序从位于第 33 行代码的主函数开始执行。

主函数中的第 36、37 两行代码，分别定义了记录操作数的 float 型变量 op1、op2 和记录运算符的 char 型变量 ch；

第 37～57 行代码为 while 循环的循环体，while 循环的条件为 "1"，表示循环体将无限循环执行；

循环体中的第 39 行代码调用了 stdio.h 中的输入函数，使用户输入两个操作数和一个运算符；

之后的第 40～56 行代码为一个 switch 选择语句，该语句根据 ch 记录的运算符，选择不同的操作去执行；

第 43 行、第 46 行、第 49 行和第 52 行代码分别进入加、减、乘、除函数的调用。例如当进行 Add() 函数调用时，操作数 op1 和操作数 op2 会作为实参，由 44 行的入口被传送到加法函数中，当 Add() 函数中的语句顺序之后完毕之后，回到主函数，执行第 44 行的代码 "break;"；

第 58 行代码为返回语句，因为 while 循环体会一直执行，所以主函数不会运行到这一句。

 多学一招：内部函数与外部函数

函数本质上是全局的，但我们可以限定函数能否被别的文件所引用。当一个源程序由多个源文件组成时，C 语言根据函数能否被其他源文件中的函数调用，将函数分为内部函数和外部函数。

（1）内部函数

开发大型项目时，为了便于团队间协同工作，需要把一个项目拆分成很多源文件来分别实现，最终再把它们整合在一起。但是不同的开发人员可能会使用同名的函数，又因为函数本质上是全局的，因此在引用时容易产生二义性。为了解决这一问题，C 语言使用关键字 static 来标识内部函数。内部函数是在其返回值类型前添加 static 关键字的函数，函数的形式如下：

```
static 返回值类型 函数名（参数列表）{}
```

关键字 static 又有 "静态的" 之意，因此内部函数又称静态函数，指该函数仅在本文件中有效。

例如，在 first.c 文件中定义一个函数，代码如下所示：

fisrt.c 文件

```
static void func()
{
```

```
    printf("hello\n");
}
```

在 second.c 文件中调用此函数，代码如下所示：

second.c 文件

```
#include <stdio.h>
#include "fisrt.c"
int main()
{
    func();
    return 0;
}
```

运行代码，则会报如图 4-5 所示的错误。

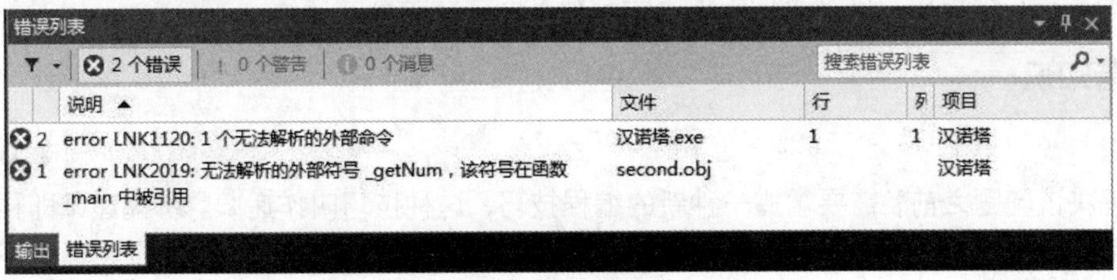

图4-5　错误提示

（2）外部函数

在定义函数时，若函数的返回值类型前有关键字 extern，则表示此函数是外部函数，可被其它文件调用。外部函数示例代码如下：

```
extern int add(int a,int b){}
```

C 语言规定，定义函数时省略了 extern，则该函数隐式声明为外部函数，且仍可被其他文件调用。在需要调用此函数的文件中，用 extern 声明所用的函数是外部函数。

【案例 4】　兔子数列

案例描述

兔子数列又称斐波那契数列、黄金分割数列，因数学家列昂那多·斐波那契以兔子繁殖为例而引出，故得此名，具体描述如下：一对兔子在出生两个月后，每个月能生出一对小兔子。现有一对刚出生的兔子，如果所有兔子都不死，那么一年后共有多少对兔子？

案例要求编程解决此问题，并把最终结果输出到屏幕上。

案例分析

对该问题进行归纳分析。以 n 表示月份：

当 $n=1$，2 时，只有 1 对兔子；

当 $n=3$ 时，有一对兔子出生，此时有 2 对兔子；

当 $n=4$ 时，$n=3$ 时出生的兔子尚不能生育，本月只有一对兔子出生，此时有 3 对兔子；

当 $n=5$ 时，4 月之前的两对兔子各生一对兔子，加上 4 月的 3 对兔子，此时共有 5 对兔子；

当 $n=6$ 时，5 月之前的 3 对兔子各生一对兔子，加上 5 月的 5 对兔子，共有 8 对兔子；

……

以此类推，第 n 个月时兔子的数量，等于第 $n–1$ 个月时兔子的数量，加上第 $n–2$ 个月时兔子的数量，以 $f(n)$ 表示每个月兔子的数量，则满足以下公式：

$$f(n)=f(n-1)+f(n-2)(n>1)$$

将 $f(n)$ 视为一个关于月份的函数，根据上述公式可知，在求解当月兔子数量时，需要再次借用该函数自身。

根据 $f(n)$ 求解公式可知，求解过程中涉及对公式自身的调用，这种调用方式是一种编程技巧，下面先来学习此种技巧，以及案例实现中将会涉及的一些基本知识。

必备知识

递归

在解决该问题之前，需要掌握一种新的编程技巧，这种技巧叫作递归。所谓递归即程序对自身的调用，是过程或函数在其定义或说明中有直接或间接调用自身的一种方法，它通常把一个大型的复杂问题层层转化为一个与原问题相似但规模较小的问题来求解。递归只需少量代码就可描述出解题过程所需的多次重复计算，大大地减少了程序的代码量。

在函数递归调用时，需要确定两点：一是递归公式，二是边界条件。递归公式是递归求解过程中的归纳项，用于处理原问题以及与原问题规律相同的子问题。边界条件即终止条件，用于终止递归。

在兔子数列问题中，每个月兔子的数量可以看作一个关于月份的函数，每次求解时，都需要调用这个函数，只是修改了函数中的参数。当 n 较小时，通过简单推演即可获知 $f(n)$ 的值；但是当 n 较大时，需要不断地求解 $f(n-1)$ 与 $f(n-2)$ 的值。并且只有当 $n>1$ 不成立时，才能得到具体的 $f(n)$ 值，此时再逐层回退，计算出 $f(n)$ 的值。假设 $n=4$，则该问题的求解过程如图 4-6 所示。

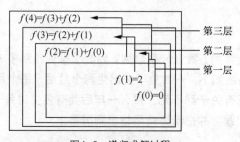

图4-6　递归求解过程

根据案例描述和案例分析可知，当 $n>2$ 时，每次求解 $f(n)$，都要逐层深入，求得 $f(n-1)$ 和 $f(n-2)$ 的值；当 $n=0$，1 时，利用获取的 $f(0)$ 和 f(1)，得到上层的值，再逐层回退，直到得到 $f(n)$ 的值为止。

案例实现

1. 案例设计

本案例通过递归的方式解决"兔子数列"问题。已知 $f(n)=f(n-1)+f(n-2)$，根据递归的定义，结合实际问题，该问题的递归求解中，边界条件为 $n>1$，当该条件不满足时，递归终止，可直接进行求解。

2. 完整代码

```
1   #include <stdio.h>
2   int getNum(int n)                          //f(n)
3   {
4       if (n == 1 || n == 2)
5           return 1;
6       return getNum(n - 2) + getNum(n - 1);  //f(n-2)+f(n-1)
7   }
8   int main()
9   {
10      printf("f(1)=%d\n", getNum(1));         //将函数作为实参调用
11      printf("f(2)=%d\n", getNum(2));
12      printf("f(3)=%d\n", getNum(3));
13      printf("f(4)=%d\n", getNum(4));
14      printf("f(5)=%d\n", getNum(5));
15      printf("f(12)=%d\n", getNum(12));
16      return 0;
17  }
```

运行结果如图 4-7 所示。

图4-7 【案例4】程序运行结果

【案例 5】 汉诺塔

案例描述

汉诺塔是一个可以使用递归解决的经典问题，它源于印度一个古老传说：大梵天创造世界的时候做了三根金刚石柱子，一根柱子上从下往上按照从大到小的顺序摆着 64 片黄金圆盘，大梵天命令婆罗门把圆盘从下面开始按照从大到小的顺序重新摆放在另一根柱子上，并规定，小圆盘

上不能放大圆盘，三根柱子之间一次只能移动一个圆盘。问一共需要移动多少次，才能按照要求移完这些圆盘。三根柱子与圆盘摆放方式如图 4-8 所示。

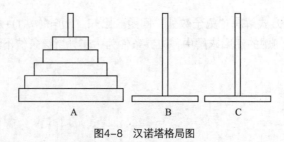

图4-8　汉诺塔格局图

为了加强对递归的掌握，本案例以汉诺塔为例，要求编程实现 n 层汉诺塔的求解。

案例分析

基于汉诺塔问题的两条规定：

（1）在小圆盘上不能放大圆盘；

（2）在三根柱子之间，一次只能移动一个圆盘。

汉诺塔问题的操作步骤势必相当复杂，当然该问题已经解决，将 64 个圆盘从 A 柱移动到 C 柱的次数为：18 446 744 073 709 551 615 次。

如此大的一个数字，人力难以解答，即便使用计算机计算也相当困难。因此在此案例中只探讨盘子数量较少的情况。

从少到多进行分析，假设一共有 n 个圆盘，移动的次数为 $f(n)$：

（1）当 n=1 时，只需将圆盘从 A 移动到 C，移动结束。$f(1)=1$；

（2）当 n=2 时，将 A 柱顶层的圆盘移动到 B 柱，将底层的圆盘移动到 C 柱，再将 B 柱上的圆盘移动到 C 柱，移动结束。$f(2)=3$；

（3）当 n=3 时，将 A 柱自顶向下的第一个圆盘移动到 C 柱，第二个圆盘移动到 B 柱，将 C 柱上的圆盘移到 B 柱，将 A 柱的最后一个圆盘移动到 C 柱，将 B 柱上的第一个圆盘移动到 A 柱，将 B 柱的圆盘移动到 C 柱，再将 A 柱的圆盘移动到 C 柱，移动结束。此时 $f(3)=7$；

……

以此类推，可以得出规律：$f(n+1)=2f(n)+1$。

根据以上过程推演，需要先将 A 柱上最大（最底层）的盘子移动到 C 柱，而在此之前要先将之上的 63 个圆盘先从 A 移动到 B，在此之后才能将当前处于 B 上的 63 个圆盘移动到 C 柱上。而要将 B 柱上的 63 个圆盘移动到 C 柱上，需要先将 B 上层的 62 个圆盘移动到 A 柱上，然后将 B 柱上最大的圆盘移动到 C 上……以此类推，之后需要移动 62 个盘子、61 个盘子……直到 A 或 B 柱上只剩下一个圆盘，此时将这个圆盘移动到 C 柱，移动结束。

而在此过程中，只有完成 n=1 时的任务，才能完成 n=2 时的任务，也就是说，任务的规模从小到大，逐层累积。很明显这也是基于递归的操作。

在实际的程序设计中，尤其是程序的功能较复杂时，往往会采用多文件编译，将功能函数代码提取到其他文件中。为了学习此种编程方式，本案例将使用多文件编译的方式来完成，下面先来学习多文件编译中将会涉及的概念。

案例实现

1. 案例设计

根据案例分析可知，求解的每一步中都在求其更小规模的解，已知递推公式为 $f(n+1)=2f(n)+1$，终止条件为 $n=1$，符合递归算法的思想，所以本例使用递归来实现。

2. 完整代码

```
1   #include <stdio.h>
2   int getNum(int n)
3   {
4       //如果只有一个圆盘，则只需移动一次
5       if (n == 1)
6           return 1;
7       else
8           return 2 * getNum(n - 1) + 1;//当n>=2时，f(n)=2*f(n-1)+1
9       return 0;
10  }
11  int main()
12  {
13      int n = 10, num;
14      num = getNum(n);
15      printf("汉诺塔中%d片圆盘共需移动%d次\n", n, num);
16      return 0;
17  }
```

运行程序，结果如图 4-9 所示。

图4-9 【案例5】程序运行结果

【案例 6】 综合案例——RSA 算法

案例描述

RSA 算法是 1977 年由罗纳德 · 李维斯特（Ron Rivest）、阿迪 · 萨莫尔（Adi Shamir）和伦纳德 · 阿德曼（Leonard Adleman）一起提出的，之后人们用他们三人姓氏首字母的组合来命名。

这种算法是世界上最具有影响力的公钥加密算法，密钥越长就越难破解，能抵御绝大多数密码攻击，非常可靠。该算法的安全性无法验证，而是基于一个十分简单的数论事实：将两个大素数相乘十分容易，但是若要对其乘积进行因式分解却极其困难。一般认为，1024 位的 RSA 密钥基本安全，2048 位的密钥极其安全。

RSA 算法是非对称加密算法的代表。对称加密算法中使用同一个密钥进行加密和解密，而

非对称加密算法需要一组密钥：公钥和私钥。公钥和私钥是一对，如果用公钥对数据进行加密，只有用对应的私钥才能解密；如果用私钥对数据进行加密，那么只有用对应的公钥才能解密。因为加密和解密使用的是两个不同的密钥，所以这种算法叫作非对称加密算法。

案例要求设计简单的 RSA 算法，实现对整型数据的加密和解密。

案例分析

RSA 算法中的公钥、私钥的获取方式以及加密和解密的公式如下所述。

（1）该算法需要两个公钥，这两个公钥分别为 n 和 e，由两个素数 p、q 决定（ p 和 q 必须保密）。其中 n 为 p 和 q 的乘积，e 为一个与 $(p-1)(q-1)$ 互质的正整数；

（2）该算法需要两个私钥，分别为 d 和 n，$d=e^{-1}(\mathrm{mod}(p-1)(q-1))$；

（3）该算法的加密公式为：$c\equiv m^e \bmod n$，其中 c 为密文，该公式表示密文 c 恒等于 $m^e \bmod n$；

（4）该算法的解密公式为：$m\equiv c^d \bmod n$，其中 m 为明文，该公式表示明文 m 恒等于 $c^d \bmod n$。

案例实现

1. 案例设计

RSA 算法的实现主要包含两部分，一为公钥和私钥的生成，二为加密和解密的实现。若想实现加密和解密，首先要生成公钥和私钥。产生公钥和私钥的方法如下：

（1）随机选择两个不相等的质数 p 和 q，计算出 p 和 q 的乘积 n；

（2）根据欧拉函数可求得 $\varphi(n) = (p-1)(q-1)$；

（3）随机选择一个整数 e，条件是 $1<e<\varphi(n)$，且 e 与 $\varphi(n)$ 互质；

（4）计算 e 对于 $\varphi(n)$ 的模反元素 d（可以使得 $e\times d$ 被 $\varphi(n)$ 除的余数为 1）；

（5）将 p 和 q 的记录销毁；

（6）将 n 和 e 封装成公钥（ n, e），n 和 d 封装成私钥（ n, d）。

根据获得的公钥和私钥执行加密或解密过程：

（1）加密需要公钥（ n, e），根据加密公式"$c\equiv m^e \bmod n$"对明文进行加密，获取加密后的密文 c；

（2）解密需要私钥（ n, d），根据解密公式"$m\equiv c^d \bmod n$"对密文进行解密，获取解密后的明文 m。

由上述分析可知，如果不知道 d，则无法通过信息 c 算出信息 m。若想知道 d 就必须分解 n，而这恰恰是极难做到的，所以 RSA 算法给通信安全提供了保障。

2. 完整代码

```
1   #include <stdio.h>
2   int RSA(int baseNum, int key, int msg)        //自定义的 RSA 函数
3   {
4       int RSAmsg = 1;
5       key = key + 1;
6       while (key != 1)
7       {
8           RSAmsg = RSAmsg*msg;
9           RSAmsg = RSAmsg%baseNum;
```

```
10        key--;
11    }
12    return RSAmsg;
13 }
14 int main()
15 {
16    int p, q, baseNum, Euler, r;
17    int keyE, keyD, m_msg, c_msg;
18    printf("请输入p、q: ");
19    scanf("%d%d", &p, &q);                    //随机输入两个不相等的数p和q
20    baseNum = p*q;                            //计算p和q的乘积
21    Euler = (p - 1)*(q - 1);                  //求出此值，用来计算keyD
22    printf("请输入公钥(与%d互质): ",Euler);
23    scanf("%d", &keyE);                       //输入公钥keyE
24    while (keyE<1 || keyE>Euler)              //keyE有大小范围的限制
25    {
26        printf("输入错误! \n请重新输入: ");
27        scanf("%d", &keyE);
28    }
29    keyD = 1;
30    while (((keyE*keyD) % Euler) != 1)        //求私钥keyD
31        keyD++;
32    printf("私钥:%d\n", keyD);
33    printf("1.加密\n");                       //打印菜单
34    printf("2.解密\n");
35    printf("3.退出\n");
36    while (1)
37    {
38        printf("请选择要执行的操作: ");
39        scanf("%d", &r);                      //输入选项1 or 2 or 3来执行不同操作
40        switch (r)
41        {
42        case 1:                               //输入1进行加密
43            printf("请输入要加密的数据: ");
44            scanf("%d", &m_msg);
45            c_msg = RSA(baseNum, keyE, m_msg); //调用RSA函数
46            printf("加密后的数据为：%d\n", c_msg);
47            break;
48        case 2:                               //输入2进行解密
49            printf("请输入要解密的数据: ");
50            scanf("%d", &c_msg);
51            m_msg = RSA(baseNum, keyD, c_msg); //调用RSA函数
52            printf("解密后的数据为：%d\n", m_msg);
53            break;
54        case 3:                               //输入3退出程序
55            exit(0);
56            break;
57        default:
```

```
58              printf("选择有误\n");
59              break;
60          }
61      }
62      return 0;
63 }
```

运行结果如图 4-10 所示。

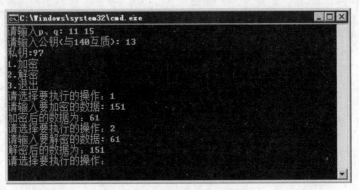

图4-10　【案例6】运行结果

【案例 7】 综合案例——体测成绩判定

案例描述

2014 年秋季起，我国执行学生体质健康测试的新标准，大学生体测成绩低于 50 分将不能毕业，按结业或肄业处理。此项标准的执行引起了学校以及诸多在校大学生的密切关注，学校建议各级学生参与晨练，部分学生也自觉开始进行适量运动，以提高身体素质。

体测所含项目与每项所占比重如表 4-1 所示。

表 4-1　体测项目及所占比重

单项指标	权重
体重指数（BMI）	15
肺活量	15
50 米	20
坐位体前屈	10
立定跳远	10
引体向上（男）/仰卧起坐（女）	10
1000 米（男）/800 米（女）	20

由表格可知，男生与女生的测试项目略有不同。根据《大学生体质健康评分标准（2014 年修订版）》可知，男生女生的评分标准也有所差异。

本案例要求编写程序，实现一个简单的体测成绩判定系统。

案例分析

表 4-1 中"单项指标"一栏分为 7 项，前五项为男生女生都需要测试的项目，后两项根据性别决定需要测试的具体项目，这里可将项目简单分为这两类。

该系统的目的在于模拟体测成绩的判定机制，因此不要求实现所有项目成绩的判定，根据以上分类，结合案例，对将要设计的程序，作如下要求：

（1）根据表 4-2 中给出的评分表，分别实现体重指数、肺活量、引体向上、仰卧起坐这四项指标的计算功能；

（2）可以根据用户的选择，进行单项指标的成绩换算；

（3）实现总成绩的计算功能，并根据表 4-3 对总成绩进行判定（优秀、良好、及格、不及格）；

（4）以菜单的形式向用户展示所有功能。

表 4-2　各项指标评分细则

项目 成绩	体重指数（25%）		肺活量（35%）		引体向上（男） （40%）	仰卧起坐（女） （40%）
100	17.9~23.9	男	>4800	男	>19	>56
	17.2~23.9	女	>3400	女		
80	0~17.8/24.0~27.9	男	4181~4800	男	16~19	53~56
	0~17.1/24.0~27.9	女	3001~3400	女		
60	≥28.0	男	3101~4180	男	10~15	25~52
	≥28.0	女	2051~3000	女		
30		男	0~3100	男	0~9	0~16
		女	0~2050	女		

表 4-3　体测成绩判定细则

优秀	良好	及格	不及格
95~100	80~94	60~79	<60

总成绩的计算方式为：各项成绩与其所占比重相乘，将相乘后的成绩相加，具体公式如下。

（1）男生：体重指数×25%+肺活量×35%+引体向上×40%；

（2）女生：体重指数×25%+肺活量×35%+仰卧起坐×40%。

案例实现

1. 案例设计

案例要求实现体重指数、肺活量、引体向上、仰卧起坐这四项指标的计算功能，在案例分析中我们将 7 个指标粗略划分为两类，根据划分结果可知，其中体重指数和肺活量为一类，引体向上和仰卧起坐为一类。

按其分类，体重指数和肺活量可设置为同一类函数，这类函数可根据性别，执行不同的代码段，完成针对某条记录的计算；引体向上和仰卧起坐可设置为同一类函数，即只针对性别为男的同学的引体向上成绩的计算，或只针对性别为女的同学的仰卧起坐成绩的计算。

若要实现上述四项指标的计算功能，需要实现四个功能函数。

案例要求程序可以菜单的形式向用户展示所有的功能，为了使程序模块化，可将菜单功能实现为一个函数。菜单函数应能向用户展示所有功能，并获取用户的选择。

同时案例要求程序可实现对某位同学各项总成绩的计算功能，该功能同样可模块化为一个函数。

综上，本案例的所有功能可由如下几个函数实现：

（1）求体重指数成绩的函数；

（2）求肺活量成绩的函数；

（3）求引体向上成绩的函数；

（4）求仰卧起坐成绩的函数；

（5）求总成绩的函数；

（6）菜单函数。

当然必不可少的还有主函数，主函数中可根据菜单函数返回的选项，选择需要实现的功能。

2. 完整代码

```
1   #include <stdio.h>
2   #include <stdlib.h>
3   #include <Windows.h>
4   int sex = 0;            //性别由外部传入，当计算总成绩时可以避免多次性别的出现
5   //体重指数
6   int countBMI(int sex)
7   {
8       float weight, height;
9       printf("请依次输入体重（kg）、身高（m）:");
10      scanf("%f%f", &weight, &height);
11      float BMI = weight / (height*height);
12      int sco = 0;
13      switch (sex)
14      {
15      case 0:                    //男生
16          if (BMI>17.9 &&BMI< 23.9)
17              sco = 100;
18          else if (BMI <= 17.8 ||(BMI>24.0&&BMI < 27.9))
19              sco = 80;
20          else
21              sco = 60;
22          break;
23      case 1:                    //女生
24          if (BMI>17.2 &&BMI< 23.9)
25              sco = 100;
26          else if (BMI <= 17.1 || (BMI>24.0&&BMI < 27.9))
27              sco = 80;
28          else
29              sco = 60;
30          break;
```

```
31      default:
32          sco = 0;
33      }
34      printf("体重指数为：%.2f，成绩为：%d\n", BMI, sco);
35      return sco;
36 }
37 //肺活量
38 int countFVC(int sex)
39 {
40      int FVC,sco;
41      printf("请输入肺活量（ml）：");
42      scanf("%d", &FVC);
43      switch (sex)
44      {
45      case 0:
46          if (FVC > 4800)
47              sco = 100;
48          else if (FVC > 4180 && FVC <= 4800)
49              sco = 80;
50          else if (FVC > 3100 && FVC <= 4180)
51              sco = 60;
52          else
53              sco = 30;
54          break;
55      case 1:
56          if (FVC > 3400)
57              sco = 100;
58          else if (FVC > 3000 && FVC <= 3400)
59              sco = 80;
60          else if (FVC > 2050 && FVC <= 3000)
61              sco = 60;
62          else
63              sco = 30;
64          break;
65      default:
66          break;
67      }
68      return sco;
69 }
70 //引体向上
71 int countChinups()
72 {
73      if (sex == 1)
74      {
75          printf("引体向上为男生特有项目！\n");
76          Sleep(2000);
77          exit(0);
78      }
79      int UPs=0, sco=0;
80      printf("引体向上计数为：");
```

```
81      scanf("%d", UPs);
82      if (UPs > 19)
83          sco = 100;
84      else if (UPs > 15 && UPs <= 19)
85          sco = 80;
86      else if (UPs > 10 && UPs <= 15)
87          sco = 60;
88      else
89          sco = 30;
90      return sco;
91  }
92  //仰卧起坐
93  int countSitup()
94  {
95      if (sex == 0)
96      {
97          printf("仰卧起坐为女生特有项目！\n");
98          Sleep(2000);
99          exit(0);
100     }
101     int UPs=0, sco=0;
102     printf("仰卧起坐计数为：");
103     scanf("%d", &UPs);
104     if (UPs > 56)
105         sco = 100;
106     else if (UPs > 52 && UPs <= 56)
107         sco = 80;
108     else if (UPs > 26 && UPs <= 52)
109         sco = 60;
110     else
111         sco = 30;
112     return sco;
113 }
114 //总成绩
115 void getNum()
116 {
117     int BMI, FVC, Cups, Sups;
118     double num;
119     //获取每一项成绩
120     BMI = countBMI(sex);
121     FVC = countFVC(sex);
122     //计算成绩
123     if (sex == 0)
124     {
125         Cups = countChinups();              //若是男生则获取引体向上个数
126         num = BMI*0.25 + FVC*0.35 + Cups*0.4;
127     }
128     else
129     {
130         Sups = countSitup();                //若是女生则获取仰卧起坐个数
```

```
131        num = BMI*0.25 + FVC*0.35 + Sups*0.4;
132    }
133    //判断成绩优劣
134    if (num > 95)
135        printf("综合成绩为%.2f,优秀\n", num);
136    else if (num > 80 && num <= 95)
137        printf("综合成绩为%.2f, 良好\n", num);
138    else if (num > 60 && num <= 80)
139        printf("综合成绩为%.2f,及格\n", num);
140    else
141        printf("综合成绩为%.2f, 不及格\n", num);
142}
143//菜单
144int menu()
145{
146    int sec;
147    printf("功能菜单\n");
148    printf("=============\n");
149    printf("1.体重指数BMI\n");
150    printf("2.肺活量FVC\n");
151    printf("3.引体向上\n");
152    printf("4.仰卧起坐\n");
153    printf("5.总成绩\n");
154    printf("0.退出\n");
155    printf("=============\n");
156    printf("请输入性别(男:0/女:1): ");
157    scanf("%d", &sex);
158    while (sex != 0 && sex != 1)
159    {
160        printf("选择有误! \n请重新输入:");
161        scanf("%d", &sec);
162    }
163    printf("请输入要选择的功能: ");
164    scanf("%d", &sec);
165    while (sec > 5 || sec < 0)
166    {
167        printf("选择有误! \n请重新输入:");
168        scanf("%d", &sec);
169    }
170    return sec;
171}
172int main()
173{
174    int sec = menu();                    //调用菜单函数, 获取选择的编号
175    switch (sec)                         //功能调用
176    {
177        case 0:exit(0);break;
178        case 1:countBMI(sex); break;
179        case 2:countFVC(sex); break;
180        case 3:countChinups(); break;
```

```
181        case 4:countSitup(); break;
182        case 5:getNum(); break;
183        default:break;
184    }
185    return 0;
186}
```

运行程序，结果如图4-11和图4-12所示。

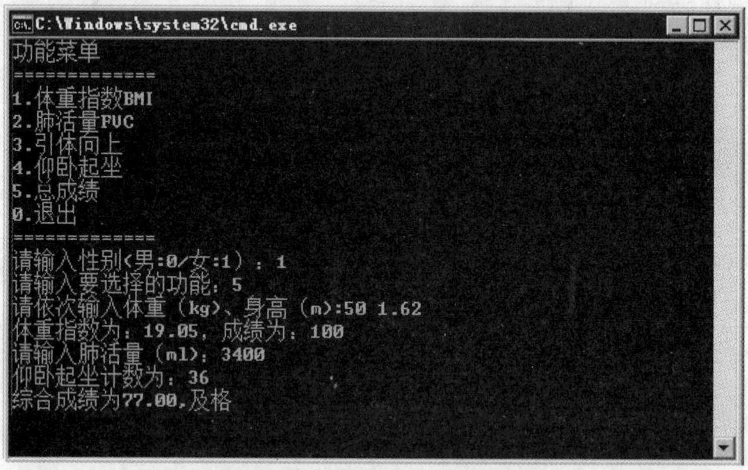

图4-11　【案例7】运行结果（总成绩）

图4-12　【案例7】运行结果（容错处理）

3. 代码详解

本案例共包含7个函数，即1个主函数和6个功能函数。

第172~186行代码为主函数部分，其中第174行代码定义了一个整型变量sec，该变量用于接收菜单函数中返回的编号；第175~184行代码为switch选择结构，该结构根据变量sec中记录的用户的选择，执行不同的分支语句。

第177行代码为switch结构的第一个分支，该分支用于退出程序，其中调用了exit()函数，该函数包含在头文件stdlib.h中。

第178行代码为switch结构的第二个分支，该分支将进入第7~37行代码求体重指数成绩的函数。体重函数的参数列表只有一个整型参数，该参数代表学生的性别，其值由第4行代码定义的全局变量 sex 决定，该值的赋值发生在菜单函数 menu() 中，其值由用户通过 scanf() 函数输入。体重函数中根据用户输入的体重、身高计算出体重指数，再根据性别对体重指数进行某种判断，获取成绩。

第 179 行代码为 switch 结构的第三个分支，该分支将进入第 38 ~ 69 行代码求肺活量成绩的函数。该函数的参数列表同样只有一个表示性别的整型参数，并根据用户输入的肺活量和已获取的性别，求出本项成绩。

第 180 行代码为 switch 结构的第四个分支，该分支将进入第 71 ~ 91 行代码求引体向上成绩的函数。该函数的参数列表为空，因其是男生特有的项目，所以无须进行性别判断。但是性别在函数之外设定，所以需要在计算之前进行一步判断，即判断输入的性别信息是否为男生，若是，则执行 if 结构之后的成绩判断；若不是，给出提示，并将控制台窗口停留 2s，保证用户能看到提示信息。第 76 行代码使用 Sleep() 函数实现了窗口停留功能，该函数称为休眠函数，包含在头文件 Windows.h 中。

第 181 行代码为 switch 结构的第五个分支，该分支将进入第 93 ~ 113 行代码求仰卧起坐成绩的函数。与引体向上函数相同，本函数也分为进行容错处理的 if 结构部分和实现成绩判断的功能代码段部分。

第 182 行代码为 switch 结构的第六个分支，该分支进入第 115 ~ 142 行代码求总成绩的函数。该函数根据全局变量 sex，调用其余分支中的三个功能函数，根据总成绩计算公式，求得某位学生的总成绩；并在第 134 ~ 141 行代码中，根据求得的成绩，判定学生成绩等级。

本章小结

本章主要讲解了函数的基本定义、函数调用时的数据传递、变量的作用域、函数调用方式等函数相关知识。通过本章的学习，读者应了解函数的定义方法，掌握函数的调用方式，包括嵌套调用与递归调用，并能将相关知识运用到实际的程序中。

【思考题】

1. 请简述如何定义一个函数。
2. 请简述你对局部变量与全局变量的理解。

5 Chapter

第 5 章
数组

学习目标

- 了解什么是数组
- 掌握一维数组的定义、初始化和引用
- 掌握二维数组的定义、初始化和引用
- 理解数组作为函数参数的使用方法

在前面学习的章节中，所使用的数据都属于基本数据类型。除此之外，C 语言还提供了构造类型的数据，构造类型的数据包括数组类型、结构体类型和共用体类型。本章将结合各种经典案例针对其中的数组类型进行讲解。

【案例 1】 最大值和最小值

案例描述

最值问题可谓是经典中的经典了，说它是每个程序员都应该掌握的知识一点也不为过。本案例要求先输入数组的大小和各个数组元素，然后求出数组中的最大值和最小值以及它们所在的位置，最后把它们依次输出到屏幕上。

案例分析

本案例是应用一维数组的典型案例。C 语言中规定，只能逐个引用数组中的元素，而不能引用整个数组。在对数组元素进行判断时，只能通过循环对数组元素逐个引用，获取每一个元素值并两两比较，找出其中最大和最小的元素。

为了更好地完成此案例，请先认真学习一维数组的相关知识。

必备知识

1. 一维数组的定义与初始化

一维数组也称向量，它用以组织具有一维顺序关系的一组同类型数据。在 C 语言中，一维数组的定义方式如下所示：

```
数据类型　数组名[常量表达式];
```

在上述语法格式中，类型说明符表示数组中所有元素的类型，常量表达式指的是数组的长度，也就是数组中存放元素的个数。例如：

```
int array[5];
```

上述代码定义了一个数组，编译器为数组分配存储空间。其中，int 是数组的类型，array 是数组的名称，方括号中的"5"是数组的长度。值得注意的是：数组占据的内存空间是连续的，这样，很容易计算数组占据的内存大小和每个元素对应的内存首地址。例如对上例来说，其占据的内存大小为：5*sizeof(int)。

完成数组的定义后，编译器根据数组定义语句中提供的数据类型和数组长度给数组变量分配适当的内存空间。这时，如果想使用数组操作数据，还需要对数组进行初始化。数组初始化元素值的常见方式有三种，具体如下：

（1）直接对数组中的所有元素赋初值，示例代码如下：

```
int i[5]={1,2,3,4,5};
```

上述代码定义了一个长度为 5 的整型数组 i，数组中元素的值依次为 1、2、3、4、5。

（2）只对数组中的一部分元素赋值，示例代码如下：

```
int i[5]={1,2,3};
```

在上述代码中，定义了一个 int 类型的数组，但在初始化时，只对数组中的前三个元素进行了赋值，其他元素的值会被默认设置为 0。

（3）对数组全部元素赋值，但不指定长度，示例代码如下：

```
int i[]={1,2,3,4};
```

在上述代码中，系统会根据赋值号右边初始值列表中给出的初值个数自动设置数组的长度，因此，数组 i 的长度为 4。

 注意

1. 数组的下标是用方括号括起来的，而不是圆括号。
2. 数据类型不仅可以是 int、float、char 等基本类型，也可以是后续章节将要介绍的指针、结构体等类型。
3. 数组名的命名规则与变量名的命名规则相同。
4. 数组定义中，常量表达式的值可以是符号常量，示例如下：

```
int a[N];          //假设预编译命令#define N 4，下标是符号常量
```

2. 一维数组的引用

在程序中，经常需要访问数组中的一些元素，因为数组名的本质是存放该数组在内存中地址的常量，所以无法进行任何计算，这时可以通过数组名和下标来引用数组中的元素。一维数组元素的引用方式如下所示：

```
数组名[下标];
```

在上述方式中，下标指的是数组元素的位置，数组元素的下标从 0 开始。例如，引用数组 x 中第三个元素的方式为：x[2]。

 注意

数组的下标都有一个范围，即"0~[数组长度-1]"，假设数组的长度为 6，其下标范围为 0 ~ 5。当访问数组中的元素时，下标不能超出这个范围，否则程序会报错。

案例实现

1. 案例设计

（1）先输入数组的大小；
（2）利用 for 循环依次输入数组中的各个元素；
（3）分别求出数组元素中的最大值和最小值，并输出到屏幕上。

2. 完整代码

```
1  #include <stdio.h>
2  int main()
3  {
4      int a[50];                                      //定义数组存放元素
```

```
5        int MAX, MIN;                                    //定义最大值和最小值变量
6        int i, n;
7        int j = 0;
8        int k = 0;
9        printf("Please input the size of array:\n");
10       scanf("%d", &n);                                 //输入数组的元素个数
11       printf("Please input the elements of the array one by one:\n");
12       for (i = 0; i < n; i++)                          //依次输入数组中的元素
13          scanf("%d", &a[i]);
14       MIN = a[0];                                      //数组首元素默认为最小值
15       for (i = 1; i < n; i++)                          //找出数组元素中的最小值
16       {   if (a[i] < MIN)                              //如果有比MIN小的元素
17          {
18              MIN = a[i];                               //就把此元素赋值给MIN
19              j = i + 1;                                //将存储最小值的位置赋给j
20          }
21       }
22       MAX = a[0];                                      //数组首元素默认为最大值
23       for (i = 1; i < n; i++)                          //找出数组元素中的最大值
24       {
25          if (a[i] > MAX)                               //如果有比MAX大的元素
26          {
27              MAX = a[i];                               //就把此元素赋值给MAX
28              k = i + 1;                                //将存储最大值的位置赋给k
29          }
30       }
31       printf("The position of the MIN is:%d\n", j);    //输出最小值所在的位置
32       printf("The MIN is:%d\n", MIN);
33       printf("The position of MAX is:%d\n", k);        //输出最大值所在的位置
34       printf("The MAX is:%d\n", MAX);
35       return 0;
36   }
```

运行结果如图 5-1 所示。

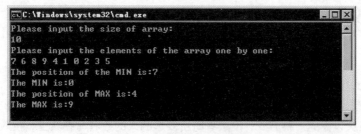

图5-1 【案例1】运行结果

3. 代码详解

如图 5-1 所示，我们成功求出了数组中的最值，达到了案例的要求。

重点为第 14～21 行代码和第 22～30 行代码，分别是求数组最小值和求数组最大值的算法。
因为二者极其相似，所以只针对求最小值的算法进行详细讲解：

（1）通常我们把数组的第一个元素作为数组最小值 min 的默认初始值；

（2）然后将数组中的每一个元素都与 min 进行比较，若小于 min，则说明数组中有比 min 更小的元素，并将此元素赋值给 min；

（3）当把数组中每一个元素都比较完之后，所得到的 min 就是数组中的最小值了。

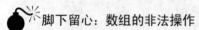 脚下留心：数组的非法操作

对于基本数据类型，相同类型的变量可以进行加减、比较运算，但对于数组，即使是相同类型、相同大小的数组，有些操作也是非法的，具体如下：

1. 用一个已经初始化的数组为另一个数组赋值

```
int x[3] = {7,8,9};
int y[3];
y = x; //错误操作
```

2. 对数组进行整体输入输出

printf()函数和 scanf()函数仅支持字符数组整体的输入输出，不支持对其他类型的数组进行整体的输入输出。对于除字符数组外的其他类型数组，必须以元素为单位进行操作。如下列代码：

```
int x[3] = {7,8,9};
printf("%d",x); //错误操作
int x[3] = {7,8,9};
printf("%d, %d, %d",x[0],x[1],x[2]); //正确操作
```

3. 数组与数组之间不能进行比较

```
int x[3] = {1,2,3};
int y[3] = {4,5,6};
if(x < y){…} //错误操作
```

4. 数组与数组之间不能进行运算

```
int x[5] = {5,6,7,8,9};
int y[5] = {2,3,4,5,6};
x+=y; //错误操作
```

【案例 2】 投票

案例描述

说到投票，想必大家都不会感到陌生。从小学竞选班长开始就有投票这种形式了。准确地说，投票是选举或表决议案的一种方式，投票者将所要选的人的姓名写在票上，投入票箱。可以填写投票人自己的姓名，也可以不写，不写则成为不记名投票。投票在某种程度上反映了大家的意愿，是一种相对公平的处理问题的方法。

当然，我们在这里不会涉及到表决议案，只是要投票选出一位学生会主席。

案例要求用编程的方法实现投票的过程。已知有三位候选人要参加竞选，先输入参与投票的人数和投票的内容，统计出三位候选人的最终得票，然后根据每个人总票数的高低来确定谁当选学生会主席。

案例分析

此案例同案例 1 一样，都是应用一维数组的典型案例，请结合刚刚学过的知识，认真学习此案例，强化一维数组的知识，为将来学习二维数组打下扎实的基础。

案例实现

1．案例设计

（1）定义存储投票内容的数组变量，及存储三位候选人的变量；

（2）输入参与投票的人数和投票的内容，将内容储存到数组中；

（3）对存储到数组中的元素进行判断，统计出各候选人的票数；

（4）根据三位各自的票数，判断胜利者是谁；

（5）最终将胜出者输出到屏幕上。

2．完整代码

```
1   #include <stdio.h>
2   int main()
3   {
4       int i, n, array[50];
5       //分别定义三位候选人
6       int a1 = 0;
7       int a2 = 0;
8       int a3 = 0;
9       //请输入投票者（选民）的数量
10      printf("Please input the number of electorates:(<50)\n");
11      scanf("%d", &n);
12      //请输入 1 或 2 或 3 来支持不同的选举人
13      printf("Please input 1 or 2 or 3 to support the electors:\n");
14      for (i = 0; i < n; i++)
15          scanf("%d", &array[i]);            //输入所有投票的内容
16       for (i = 0; i < n; i++)               //统计每个人的的票数
17       {
18          if (array[i] == 1)
19              a1++;                          //如果给 1 号投票则 a1 自加 1
20          else if (array[i] == 2)
21              a2++;                          //如果给 2 号投票则 a2 自加 1
22          else if (array[i] == 3)
23              a3++;                          //如果给 3 号投票则 a3 自加 1
24       }
25      printf("a1: %d, a2: %d, a3: %d\n",a1,a2,a3); //得票情况一览
26      //判断谁的票数最多并输出
27      if (a1>a2)
28      {
29          if (a1>a3)
30              printf("The winner is a1.\n");
31          else
32              printf("The winner is a3.\n");
```

```
33        }
34    else
35    {
36        if (a2>a3)
37            printf("The winner is a2.\n");
38        else
39            printf("The winner is a3.\n");
40    }
41    return 0;
42 }
```

运行结果如图 5-2 所示。

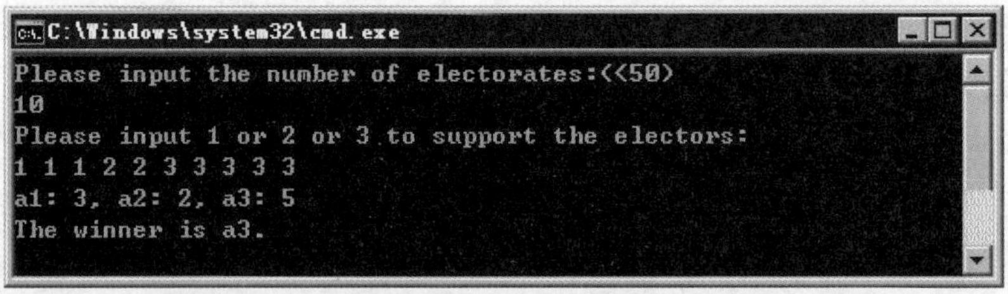

图5-2　【案例2】运行结果

3. 代码详解

第 16～24 行代码的功能是用 for 循环遍历数组中的所有元素，分别对不同选手所得票数进行累加。

第 27～40 行代码的作用是比较三个人中谁的得票数最高，运用 if...else 语句的嵌套先比较 1 号与 2 号的得票数高低。如果 1 号得票数高，那么接着比较 1 号与 3 号的得票数，得票数高的候选人当选学生会主席；如果 2 号得票数高，那么接着比较 2 号与 3 号的得票数，得票数高的候选人当选学生会主席。

【案例3】 神奇魔方阵

案例描述

所谓魔方阵，古代又称为"纵横图"，就是指由自然数组成的方阵。什么是方阵呢？若一个矩阵是由 n 个横列与 n 个纵行所构成，共有 n×n 个小方格，则称这个方阵是一个 n 阶方阵。方阵中的每个元素都不相等，但每行和每列以及主副对角线上的各元素之和都相等。

案例要求编程实现一个 5 行 5 列的魔方阵。

案例分析

魔方阵是 5 行 5 列的，如果用刚刚学会的一维数组解决是很麻烦的，所以我们在此引入一个新的概念——二维数组。把魔方阵存储在一个二维数组中，可以让我们更方便地解决此问题。接下来请认真学习二维数组的知识。

必备知识

1. 二维数组的定义与初始化

在实际的工作中，仅仅使用一维数组是远远不够的，例如，一个学习小组有 5 个人，每个人有三门课的考试成绩，如果使用一维数组解决是很麻烦的。这时，可以使用二维数组，二维数组的定义方式与一维数组类似，其语法格式如下：

```
类型说明符 数组名[常量表达式 1][常量表达式 2];
```

在上述语法格式中，"常量表达式 1"被称为行下标，"常量表达式 2"被称为列下标。

例如，定义一个 3 行 4 列的二维数组，具体如下：

```
int a[3][4];
```

在上述定义的二维数组中，共包含 3×4，即 12 个元素。接下来，通过一张图来描述二维数组 a 中元素分布情况，如图 5-3 所示。

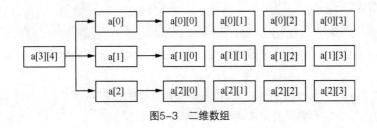

图5-3　二维数组

从图 5-3 中可以看出，二维数组 a 是按行进行存放的，先存放 a[0]行，再存放 a[1]行、a[2]行。每行的四个元素，也依次存放。

完成二维数组的定义后，需要对二维数组进行初始化，初始化二维数组的方式有三种，具体如下：

（1）按行给二维数组赋初值

```
int a[2][3] = {{1,2,3},{4,5,6}};
```

在上述代码中，等号后面有一对大括号，大括号中的第一对括号代表的是第一行的数组元素，第二对括号代表的是第二行的数组元素。

（2）将所有的数组元素按行顺序写在一个大括号内

```
int a[2][3] = {1,2,3,4,5,6};
```

在上述代码中，二维数组 a 共有两行，每行有三个元素，其中，第一行的元素依次为 1、2、3，第二行元素依次为 4、5、6。

（3）对部分数组元素赋初值

```
int b[3][4] = {{1},{4,3},{2,1,2}};
```

在上述代码中，只为数组 b 中的部分元素进行了赋值，对于没有赋值的元素，系统会自动赋值为 0，数组 b 中元素的存储方式如图 5-4 所示。

需要注意的是，二维数组的第一个下标可省略，但第二个下标不能省略。例如：

```
int a[2][3] = {1,2,3,4,5,6};
```

可以写为：

```
int a[][3] = {1,2,3,4,5,6};
```

系统会根据固定的列数，将后边的数值进行划分，自动将行数定为 2。

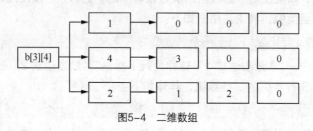

图5-4　二维数组

2. 二维数组的引用

二维数组的引用方式同一维数组的引用方式一样，也是通过数组名和下标的方式来引用数组元素，其语法格式如下：

```
数组名[下标][下标];
```

在上述语法格式中，下标值应该在已定义的数组的大小范围内，例如下面这种情况是错误的。

```
int a[3][4];   // 定义 a 为 3 行 4 列的二维数组
a[3][4]=3;     // 对数组 a 第 3 行第 4 列元素赋值,出错
```

在上述代码中，数组 a 可用的行下标范围是 0~2，列下标是 0~3，a[3][4]超出了数组的下标范围。

案例实现

1. 案例设计

假定阵列的行列下标都从 1 开始，则魔方阵的生成方法如下：

在第一行中间置 1，对从 2 开始的其余数依次按下列规则存放：

（1）假设当前数的下标为（x, y），则下一个数的放置位置为当前位置的右上方，即坐标为（x-1, y+1）的位置；

（2）如果当前数在第一行，则将下一个数放在最后一行的下一列上；

（3）如果当前数在最后一列上，则将下一个数放在上一行的第一列上；

（4）如果下一个数的位置已经被占用，则下一个数直接放在当前位置的正下方，即放在下一行同一列上。

2. 完整代码

```
1  #include <stdio.h>
2  int main()
3  {
4      int i,j;
5      int x=1,y=3;                    //要求从第一行中间位置开始
```

```
6        int a[6][6]={0};                //定义一个二维数组来储存魔方阵
7        for (i=1; i<=25; i++)           //魔方阵中共25个数字
8        {
9            a[x][y]=i;                  //把此时的i存储到a[x][y]这个位置
10           if (x==1&&y==5)             //如果位置在右上角，下一个数放在正下方
11           {
12               x++;
13               continue;               //结束本次循环
14           }
15           if (x==1)                   //如果在第一行
16               x=5;                    //则将下一个数放在最后一行
17           else                        //否则
18               x--;                    //将下一个数放在上一行
19           if(y==5)                    //如果在最后一列
20               y=1;                    //则将下一个数放在第一列
21           else                        //否则
22               y++;                    //将下一个数放在下一列
23           if (a[x][y]!=0)             //判断经过上面步骤确定的位置上是否有非零数
24           {
25               x=x+2;                  //若表达式为真，则行数加2
26               y=y-1;                  //列数减1
27           }
28       }
29       for (i=1; i<=5; i++)            //输出二维数组
30       {
31           for (j=1; j<=5; j++)
32           {
33               printf("%4d", a[i][j]);
34           }
35           printf("\n");               //每输出一行就回车
36       }
37       return 0;
38   }
```

运行结果如图5-5所示。

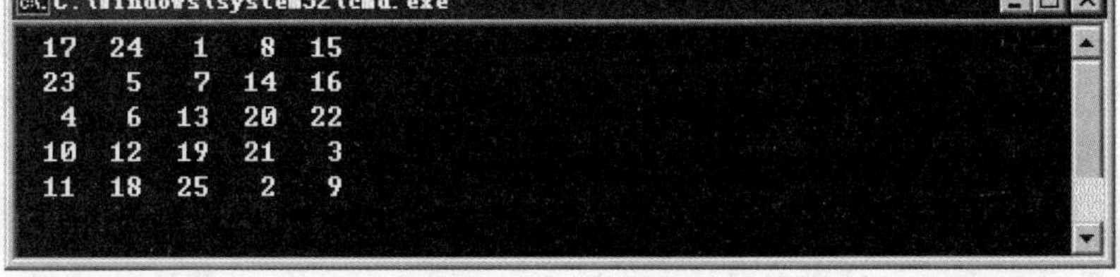

图5-5 【案例3】运行结果

3. 代码详解

本案例的核心代码在第7~28行，其作用为生成5行5列的魔方阵。每次循环一开始都把一个数字填入对应的位置，后面4个if...else语句分别表示案例设计中提到的四种限制条件，并以此为依据把所有数字填入，进而生成案例要求的魔方阵。

多学一招：多维数组

在计算机中，除一维数组和二维数组外，还有三维、四维等多维数组，它们用在某些特定程序开发中，多维数组的定义与二维数组类似，其语法格式具体如下：

数组类型修饰符 数组名 $[n_1][n_2]...[n_n]$;

定义一个三维数组的示例代码如下：

```
int x[3][4][5];
```

上述代码中，定义了一个三维数组，数组的名字是 x，数组的长度为 3，每个数组的元素又是一个二维数组，这个二维数组的长度是 4，并且这个二维数组中的每个元素又是一个一维数组，这个一维数组的长度是 5，元素类型是 int。

数组元素在内存中是线性连续排列的，对二维和更高维的数组，数组元素仍然是线性连续排列的，例如定义一个三维数组 arr[2][2][2] = {{{1,2},{3,4}},{{5,6},{7,8}}}，其在内存中的存储模型如图 5-6 所示。

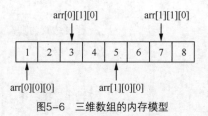

图5-6　三维数组的内存模型

而一维、二维、多维都是人为规定的，在取数组元素时，按不同的维数来取，是由编绎器来实现的。理解数组的内存模型有利于写出高质量的代码。多维数组在实际的工作中使用不多，并且使用方法与二维数组相似，这里不再做详细的讲解，有兴趣的读者可以自己学习。

【案例4】 校园十大歌手

案例描述

转眼又迎来了一年一度的校园十大歌手比赛，选手们个个积极应战，奋力抢夺冠军的宝座。如今最终得分已经揭晓，但是并没有按照升序顺序排列好，为了知晓冠军、亚季和季军的得主，案例要求通过编程将拼到最后的这十位歌手的得分从低到高进行排序。

案例分析

首先将每位歌手的得分存储到一维数组中，其次构建一个排序函数，使用该函数实现对一维数组的排序，因此需要将一维数组作为函数参数传入函数。

排序算法有很多种，在这里我们选择使用冒泡排序算法进行排序。冒泡排序算法是非常优秀的排序算法，通过本案例的学习，读者应尽量掌握该算法的实现原理。同时读者需要了解如何将一维数组作为函数参数传递到函数中。下面先来讲解这两个相关知识。

必备知识

1. 数组作为函数参数

在程序中，为了方便对数组的操作，经常会定义一些操作数组的功能函数，这些函数往往会将数组作为函数参数。在数组作为函数参数时，必须要保证形参与实参的数组是相同的类型，且有明确的数组说明，如数组维数、数组大小等。例如，下面两种参数类型：

```
func(int arr[5]);
func(int arr[], int n);
```

这两种参数类型都指定了数组的维数和数组大小，第二行代码中参数 n 代表数组的长度。

需要注意的是，数组作为函数参数时，传递的就是数组所在内存块的地址，形参与实参操作的是同一块内存。在形参中改变数组中的元素，实参的数组也会改变。

2. 冒泡排序法

在 C 语言的学习中，经常需要对一组数据进行有序地排列，所以掌握几种排序算法是很有必要的。冒泡排序法便是最经典的排序算法之一，作为入门级排序算法，最适合编程新手学习。

对于从小到大的冒泡排序，通俗来讲：不断地比较数组中相邻的两个元素，较小者向上浮，较大者往下沉，整个过程和水中气泡上升的原理相似。

以从小到大排序为例，分步骤讲解冒泡排序的整个过程，具体如下：

（1）从第一个元素开始，依次将相邻的两个元素进行比较，直到最后两个元素完成比较。如果前一个元素比后一个元素大，则交换位置。整个过程完成后，数组中最后一个元素就是最大值，这样便完成了第一轮的比较；

（2）除了最后一个元素，将剩余的元素继续进行两两比较，过程与第（1）步相似，这样便可以将数组中第二大的数放在倒数第二个位置；

（3）以此类推，重复上面的步骤，直到全部元素从小到大排列为止。

至此，便可得到一个经过冒泡排序后有序的序列。

下面以数组 int arr[5]= {9, 8, 3, 5, 2}为例，使用冒泡排序将其升序排列，过程如图 5-7 所示。

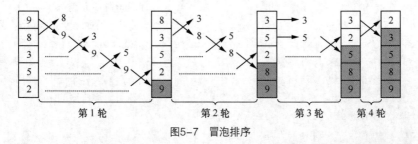

第1轮　　　　第2轮　　　　第3轮　第4轮

图5-7 冒泡排序

第一轮比较中，第一个元素 9 为最大值，因此它在每次比较时都会发生位置的交换，被放到最后一个位置；第二轮比较与第一轮过程相似，元素 8 被放到倒数第二个位置；第三轮比较中，第一次比较没有发生位置的交换，在第二次比较时才发生位置交换，元素 5 被放到倒数第三个位置。后面的以此类推，直到数组中所有元素完成排序。

案例实现

1. 案例设计

（1）自定义一个实现冒泡排序算法的函数，函数中的参数为数组名和数组大小；

（2）在主函数中定义一个一维数组来存储各位歌手的得分；

（3）使用 for 循环分别录入各位歌手的得分；

（4）调用冒泡排序算法函数对得分进行排序；

（5）使用 for 循环在屏幕上输出排序后的结果。

2. 完整代码

```
1   #include <stdio.h>
2   //冒泡排序
3   void BubbleSort(int s[], int n)   //函数参数：数组与数组大小
4   {
5       int i, j, temp;
6       for (i = 0; i< n - 1; i++)                    //从 i=0 开始，共进行 n-1 轮排序
7       {                                             //每轮排序都使一个较大的值到达较大的位置
8           for (j = 0; j < n - i - 1; j++)           //每轮两两比较的数据逐层递减
9           {
10              if (s[j] > s[j + 1])                  //符合条件则将两个元素进行交换
11              {
12                  temp = s[j];
13                  s[j] = s[j + 1];
14                  s[j + 1] = temp;
15              }
16          }
17      }
18  }
19  int main()
20  {
21      int i;                                        //用于循环控制
22      int a[10];                                    //定义一个数组 a 来储存歌手的得分
23      printf("Please input the final score of the ten singers:\n");
24      for (i = 0; i< 10; ++i)
25          scanf("%d", &a[i]);                       //依次输入各个选手的得分
26      BubbleSort(a, 10);                            //调用冒泡排序的函数
27      printf("After Quick Sort:\n");
28      for (i = 0; i< 10; ++i)
29          printf("%d ", a[i]);                      //依次输出排序后的各个得分
30      printf("\n");
31      return 0;
32  }
```

运行结果如图 5-8 所示。

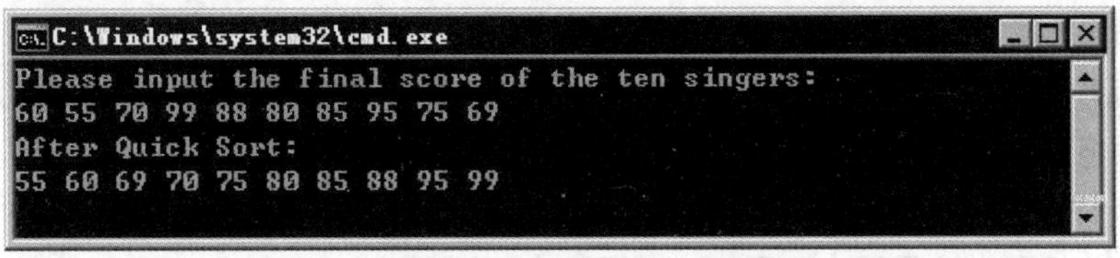

图5-8　【案例4】运行结果

3. 代码详解

本案例的重点和难点是第 3～18 行代码，即自定义的冒泡排序函数。对于此算法，不要死记硬背，一定要理解代码的含义，清楚排序的过程，从而从根本上掌握冒泡排序算法。

在第 6～17 行代码中通过嵌套 for 循环实现了冒泡排序。其中，外层循环用来控制进行多少轮比较，每一轮比较都可以确定一个元素的位置，最后一个元素不需要进行比较，因此，外层循环的次数为数组的长度−1，内层循环的循环变量用于控制每轮比较的次数，在每次比较时，如果前者小于后者，就交换两个元素的位置。

【案例 5】　杨辉三角

案例描述

杨辉三角，又称贾宪三角形、帕斯卡三角形，是二项式系数在三角形中的一种几何排列。其前 10 行样式如下所示。

```
1
1  1
1  2  1
1  3  3  1
1  4  6  4  1
1  5  10  10  5  1
1  6  15  20  15  6  1
1  7  21  35  35  21  7  1
1  8  28  56  70  56  28  8  1
1  9  36  84  126  126  84  36  9  1
```

案例要求通过编程在屏幕上打印出杨辉三角的前 10 行。

案例分析

对杨辉三角的图形规律进行总结，结论如下：

（1）第 n 行的数字有 n 项。

（2）每行的端点数为 1，最后一个数也为 1。

（3）每个数等于它左上方和上方的两数之和。

（4）每行数字左右对称，由 1 开始逐渐增大。

根据上面总结的规律，可以将杨辉三角看作一个二维数组 arr[n][n]，并使用双层循环控制程序流程，为数组 arr[n][n]中的元素逐一赋值，假设数组元素记为 arr[i][j]，则元素 arr[i][j]满足：arr[i][j]=arr[i–1][j–1]+arr[i–1][j]。

根据以上分析画出流程图，如图 5-9 所示。

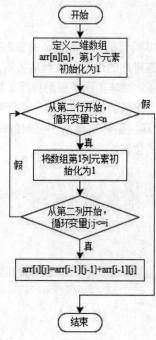

图5-9　创建杨辉三角流程示意图

案例实现

1. 案例设计

（1）先定义一个二维数组；

（2）定义双重 for 循环，外层循环负责控制行数，内层循环负责控制列数；

（3）根据规律给数组元素赋值；

（4）最后用双重 for 循环将二维数组中的元素打印出来，即把杨辉三角输出到屏幕上。

2. 完整代码

```
1   #include <stdio.h>
2   #include <stdlib.h>
3   int main()
4   {
5       int i, j;
6       int arr[10][10] = { 1 };        //定义一个 10 行 10 列的二维数组，初始化为 1
7       for (i = 1; i < 10; i++)        //外层循环控制杨辉三角的行数
8       {
```

```
9              arr[i][0] = 1;                //每一行第 1 个元素都赋值为 1，即第 1 列都为 1
10             for (j = 1; j <= i; j++)       //内层控制杨辉三角的列数
11                 //每个元素等于其上一行左边和上边两个元素之和
12                 arr[i][j] = arr[i - 1][j - 1] + arr[i - 1][j];
13         }
14         for (i = 0; i < 10; i++)           //双重 for 循环打印这个二维数组中的元素
15         {
16             for (j = 0; j <= i; j++)
17                 printf("%-5d", arr[i][j]);
18             printf("\n");
19         }
20         return 0;
21  }
```

运行结果如图 5-10 所示。

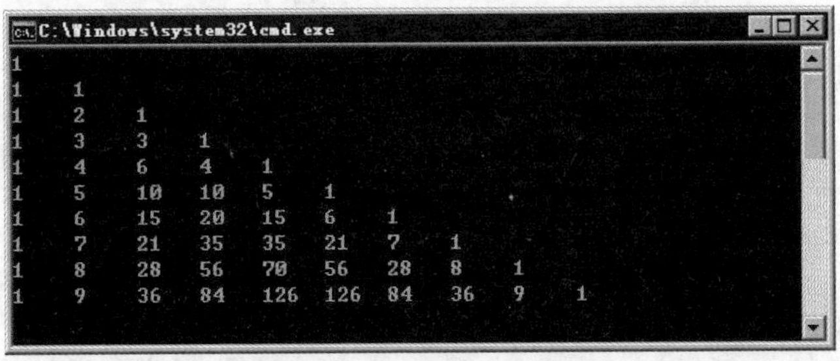

图5-10　【案例5】运行结果

3. 代码详解

从运行结果可以看出，杨辉三角被成功地打印到了屏幕上。其中第 12 行是最关键的代码，也是杨辉三角的规律所在，即每个元素都等于其左上方和正上方的两个元素之和。另外，根据杨辉三角的特点，在初始化数组时应注意把所有元素都赋值为 1，而不是 0。

【案例 6】　兔子去哪了

案例描述

一只小兔子躲进了 10 个环形分布的洞中的一个。狼在第一个洞中没有找到兔子，就隔一个洞，到第三个洞去找；也没有找到，就隔两个洞，到第六个洞去找；以后每次多一个洞去找小兔子……这样下去，如果一直找不到兔子，请问兔子可能在哪个洞中？

案例分析

如果将每个洞都定义为一个变量，那就需要定义 10 个同类型的变量，此时如果使用数组来存储这些变量，会非常方便。定义一个包含 10 个元素的数组分别表示 10 个洞，用穷举法来找兔子。由于是环形分布的洞，当计数大于 10 时，需要将计数与 10 取余，从而找到对应的洞；

在查找的过程中，把已查找但未找到兔子的洞做上标记，剩下的就是兔子可能藏身的洞了。

案例实现

1. 案例设计

用数组记录每个洞对应的标记。在查找之前，将所有洞都标记为 1，表示该洞尚未查找；查找的过程中，若正在查找的洞里没有兔子，将其标记为 0。数组标记为 1 的洞是尚未被查找过的、兔子可能藏身的洞。查找步骤如下：

（1）先设置数组中所有元素的初值为 1；

（2）然后用 for 循环穷举搜索，假设最大搜索次数为 500 次；

（3）如果在洞中没有找到兔子，就把找过的洞置为 0；

（4）遍历数组中所有元素，如果其值仍为 1，则兔子可能藏在这个洞中，把该洞对应的下标输出到屏幕上。

2. 完整代码

```
1   #include <stdio.h>
2   int main()
3   {
4       int n = 0;
5       int i = 0;
6       int x = 0;
7       int a[11];
8       for (i = 0; i < 11; i++)          //把数组中每个元素都赋值为1
9       {
10          a[i] = 1;
11      }
12      for (i = 0; i < 500; i++)         //进行穷举搜索
13      {
14          n += (i + 1);                 //按照规律累加
15          x = n % 10;                   //大于10时，对10取余
16          a[x] = 0;                     //找过的地方，置为0
17      }
18      for (i = 0; i < 10; i++)
19      {
20          if(a[i])                      //如果元素是1，就说明没有被找过
21              printf("可能在第%d个洞\n", i);   //输出结果，即兔子可能藏身的洞
22      }
23      return 0;
24  }
```

运行结果如图 5-11 所示。

图5-11 【案例6】运行结果

3. 代码详解

（1）第 8~11 行代码用 for 循环把所有的洞都标记为 1；

（2）第 12~17 行代码进行 0~500 的穷举，把找过的洞重新标记为 0；

（3）第 18~22 行代码中重新遍历这 10 个洞，标记仍然为 1 的洞即是兔子可能藏身的洞。

【案例 7】 矩阵转置

案例描述

案例要求通过编程实现矩阵转置。

矩阵转置在数学上的定义为：

设 A 为 m×n 阶矩阵（即 m 行 n 列），第 i 行第 j 列的元素是 a(i,j)。

定义 A 的转置为这样一个 n×m 阶矩阵 B：满足 B=a(j,i)，即 b (i,j)=a (j,i)（B 的第 i 行第 j 列元素是 A 的第 j 行第 i 列元素），记作 A^T=B。

简单的矩阵转置如图 5-12 所示：

$$\begin{vmatrix} a & b \\ c & d \\ e & f \end{vmatrix}^T = \begin{vmatrix} a & c & e \\ b & d & f \end{vmatrix}$$

图5-12　矩阵转置

案例分析

解决矩阵问题时通常都先把矩阵放在一个二维数组中，当矩阵发生变化时，二维数组中的对应元素也同样发生变化。

我们知道，如果要遍历二维数组中的每一个元素，可以使用循环结构。在这里使用双层 for 循环实现矩阵转置。

案例实现

1. 案例设计

（1）先分别输入数组的行数和列数；

（2）然后逐个输入数组中的元素，元素个数为刚刚输入的行数与列数的乘积；

（3）通过 for 循环进行转置；

（4）最终将统计出的结果输出到屏幕上。

2. 完整代码

```
1   #include <stdio.h>
2   int main()
3   {
4       int i,j,row,column;                      //定义表示数组行列的变量
5       int a[10][10],b[10][10];                 //定义二维数组
6       printf("Please input the number of rows (<10)\n");
```

```
7        scanf("%d",&row);                                   //输入行数
8        printf("please input the number of columns(<10)\n");
9        scanf("%d",&column);                                //输入列数
10       printf("Please input the elements of the array\n");
11       for(i=0;i<row;i++)                                  //控制输出的行数
12       {
13           for(j=0;j<column;j++)                           //控制输出的列数
14           {
15               scanf("%d",&a[i][j]);                       //输入数组中的元素
16           }
17       }
18       //矩阵转置之前
19       printf("array a:\n");                               //将输入的数据以二维数组的形式输出
20       for(i=0;i<row;i++)                                  //控制输出的行数
21       {
22           for(j=0;j<column;j++)                           //控制输出的列数
23           {
24               printf("\t%d",a[i][j]);                     //输出元素
25           }
26           printf("\n");                                   //每输出一行要在末尾换行
27       }
28       //矩阵转置过程
29       for(i=0;i<row;i++)
30       {
31           for(j=0;j<column;j++)
32           {
33               b[j][i]=a[i][j];    //将a数组的i行j列元素赋给b数组的j行i列元素
34           }
35       }
36       //矩阵转置之后
37       printf("array b:\n");                               //将互换后的b数组输出
38       for(i=0;i<column;i++)                               //b数组行数最大值为a数组列数
39       {
40           for(j=0;j<row;j++)                              //b数组列数最大值为a数组行数
41           {
42               printf("\t%d",b[i][j]);                     //输出b数组元素
43           }
44           printf("\n");                                   //每输出一行要在末尾换行
45       }
46       return 0;
47   }
```

运行结果如图 5-13 所示。

3. 代码详解

从运行结果可以看出，我们成功地完成了矩阵的转置，其中第 33 行代码是矩阵转置的关键所在。此代码逻辑简单，但是用到了很多 for 循环的嵌套，编写时一定要细心谨慎。建议编程的新手尽量不要把 for 循环的 "{}" 省略掉，这样能清楚地知道每个 for 循环的起点和终点，避免括号丢失或多余造成的错误。

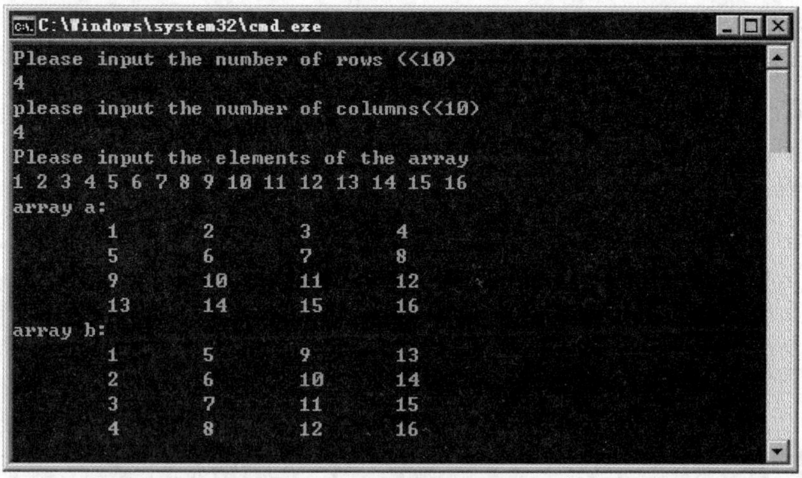

图5-13 【案例7】运行结果

【案例 8】 双色球

案例描述

双色球是中国福利彩票目前最火的一种玩法，并非是赌博，每天都有上亿的彩民关注着双色球的开奖结果，其彩票投注区分为红色球号码区和蓝色球号码区，每注投注号码由 6 个红色球和 1 个蓝色球号码组成。红色球号码从 1~33 中选择，蓝色球号码从 1~16 中选择。每期开出的红色球号码不能重复，但是蓝色球号码可以是红色球号码中的一个。

案例要求编写程序模拟双色球的开奖过程，由程序随机产生 6 个红色球号码和 1 个蓝色球号码并把结果输出到屏幕上。

案例分析

由案例描述可知，显然需要用到第三章中学过的随机数知识。但是需要注意"每期开出的红色球号码不能重复"，而使用随机函数可能会产生重复的号码，因此在编程时需要判断新生成的红色球号码是否已经存在。如果号码与已生成的红色球号码重复了，则需要重新生成新的红色球号码。

可以使用 for 循环来实现随机生成 6 个不同红色球号码的功能，用数组保存生成的 6 个红色球号码，而且需要在 for 循环中每次都要判断是否出现了重复的号码。由于蓝色球号码只有一个，且允许与红色球号码重复，因此可以直接用随机函数生成。

案例实现

1. 案例设计

（1）先使用系统定时器的值作为随机数种子，为随机数的生成做好准备；

（2）之后分别随机生成 6 个红色球号码和 1 个蓝色球号码；

（3）用外层 for 循环生成 6 个红色球号码，注意在生成新红色球号码的时候用内层 for 循环遍历数组中所有红色球号码，确保没有与之相同的号码，若有，则重新生成；

（4）最后把红色球号码和蓝色球号码分别打印到屏幕上。

2. 完整代码

```c
1   #include <stdio.h>
2   #include <stdlib.h>
3   #include <time.h>
4   int main()
5   {
6       srand((unsigned int)time(NULL));    //使用系统定时器的值作为随机数种子
7       int i = 0;
8       int j = 0;
9       int temp;                           //定义一个临时变量，总来暂时保存随机数
10      int red[6];                         //定义 red 数组，保存随机生成的红色球号码
11      int blue;                           //定义 blue 整型变量，保存随机生成的蓝色球号码
12      for (i = 0; i < 6;)                 //随机生成 6 个红色球号码
13      {
14          temp = rand() % 33 + 1;
15          for (j = 0; j < i; j++)
16          {
17              //依次判断数组中的已生成红色球号码是否与新生成的号码相同
18              if (red[j] == temp)         //如果相同，则重新生成新的红色球号码
19              {
20                  break;                  //跳出内层 for 循环
21              }
22          }
23          if (j == i)
24          {
25              red[i] = temp;              //将新生成的红色球号码保存在 red 数组中
26              i++;                        //增加红色球的数量
27          }
28      }
29      blue = rand() % 16 + 1;             //随机产生蓝色球号码
30      printf("Red : ");
31      for (i = 0; i < 6; i++)
32      {
33          printf("%d ", red[i]);          //依次输出数组中的红色球号码
34      }
35      printf("\n");
36      printf("Blue : %d\n", blue);        //输出蓝色球号码
37      return 0;
38  }
```

运行结果如图 5-14、图 5-15 和图 5-16 所示。

图5-14 【案例8】运行结果-1

图5-15 【案例8】运行结果-2

图5-16 【案例8】运行结果-3

3. 代码详解

从运行结果可以看出，程序运行 3 次，每次都生成不同的红色球号码和蓝色球号码，达到了案例的预期要求。

第 12~28 行代码是本案例的重点代码，不仅要结合注释理解其含义，更要能独立编写出来。

本案例完美地融合了随机数和数组两个知识点，希望大家在今后的学习中都能熟练掌握并运用到自己的程序中。

本章小结

本章首先对一维数组的定义、初始化、引用进行了详细的讲解，然后讲解了二维数组的相关知识及多维数组的定义方式，最后讲解了数组作为函数参数的用法。案例中涉及到了求最值、数列排序算法等方面的知识，灵活掌握这些基本知识有助于后面知识点的学习。

【思考题】

1. 请简要回答如何给一个二维数组赋值。
2. 请简述冒泡排序算法的基本思路，并画出流程图。

6 Chapter

The C Programming Language

第 6 章

指针

学习目标
- 掌握指针与指针变量的概念
- 掌握如何使用指针引用数组中的数据
- 了解指针与函数的关系
- 掌握二级指针的概念
- 掌握申请内存与释放内存的方式

指针是 C 语言中一种特殊的变量类型，与其他类型的变量不同，指针变量存储的不是变量，而是变量的地址。正确地使用指针，可以使程序更为简洁紧凑，高效灵活。指针是 C 语言的精髓，同时也是 C 语言中最难掌握的一部分。

【案例 1】 爸爸在哪儿

案例描述

晚餐时间，妈妈做好了美味的晚餐，走上楼去叫宝宝和爸爸吃饭。到了卧室，发现只有宝宝一个人，妈妈想："爸爸在哪儿？"。妈妈先让宝宝下楼去餐桌旁，然后走到了书房，在书房找到了正在看书的爸爸。

如果将宝宝和爸爸比作内存中的两个变量，请编程求出他们在内存中的地址。

案例分析

在计算机中，每一个变量都是有地址的，根据地址就能找到某个变量。如在本案例中，宝宝在卧室，则宝宝的地址就是卧室；爸爸在书房，则爸爸的地址就是书房。

根据案例描述，妈妈首先在卧室中找到了宝宝，之后在书房中找到了爸爸。寻找宝宝和寻找爸爸的步骤如图 6-1 所示。

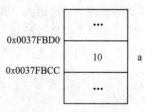

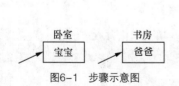

图6-1　步骤示意图　　　　　　　　图6-2　内存单元和地址

在这个寻找的过程中涉及到了指针与指针变量的相关知识，下面对这些知识逐一讲解。

必备知识

1. 指针与指针变量

（1）指针的概念

如果在程序中定义一个 int 型的变量 a：

```
int a=10;
```

那么编译器会根据变量 a 的类型 int，为其分配 4 个字节地址连续的存储空间。若这块连续空间的首地址为 0x0037FB00，那么这个变量占据 0x0037FBD0～0x0037FBCC 这四个字节的空间，0x0037FBD0 就是这个变量的地址。因为通过变量的地址可以找到该变量所在的存储空间，所以说该变量的地址指向该变量所在的存储空间，该地址是指向该变量的指针。内存单元和地址的关系示例如图 6-2 所示。

若将存储空间视为酒店，那么存储单元好比酒店中的房间，地址好比酒店中房间的编号，而存储空间中存储的数据就相当于房间中的旅客。

（2）指针变量的定义

指针指示某个变量所在的存储空间，相应地，指针变量存储这个指针。定义指针变量的语法格式如下：

变量类型* 变量名

上述语法格式中，变量类型指定定义的指针指向数据的类型，变量名前的符号"*"表示该变量是一个指针变量。举例说明：

```
int* p;                    //定义一个int*型的指针变量p
```

其中"*"表明p是一个指针变量，int表明该指针变量指向一个int型数据所在的地址。

（3）指针变量初始化

指针变量的赋值有两种方法，一种是接收变量的地址为其赋值，如下所示：

```
int a=10;                  //定义一个int型的变量a
int* p;                    //定义一个int*型的指针变量p
p=&a;                      //使int*型的指针变量p指向int型变量a所在的存储空间
```

另一种是与其他指针变量指向同一块存储空间：

```
int* q;                    //定义一个int*型的指针变量q
q=p;                       //使int*型的指针变量q与p指向同一块存储空间
```

在第一种方法中出现的"&"是取址运算符，作用是获取变量a的地址。该符号在输入函数scanf()中也有出现，这是因为，数据只能由实参传递给形参，而不能反向传递，所以只能通过获取变量的地址来对该变量进行操作。

也可以在定义的同时为指针变量赋值，其形式如下所示：

```
int a=10;                  //定义一个int型的变量a并初始化为10
int* p=&a;                 //定义一个int*型的变量p并初始化为变量a的地址
```

2. 指针变量的引用

所谓指针变量的引用，就是根据指针变量中存放的地址，访问该地址对应的变量。访问指针变量中指针所指变量的方式非常简单，只需在指针变量名之前添加一个取值运算符"*"即可，其语法格式如下所示：

*指针变量名

具体示例如下：

```
int a=10;
int* p=&a;
printf("%d\n",*p);         //输出指针变量指向的地址中存储的数据
```

该示例中*p表示指针变量指向的地址中存储的数据，当前指针p指向int型变量a的地址，所以*p表示的即为a的值。这个过程也是对变量a的访问，这种通过变量的地址来访问变量的方法称为间接访问。

与之相对还有直接访问，直接访问是直接对变量访问，如：

```
printf("%d\n",a);
```

就是直接对int型变量a进行访问。

虽然间接访问较直接访问麻烦，但是在如下场合，只能使用间接访问：

（1）用户申请一块内存空间时。因为该内存空间没有对应的变量名，所以只能通过首地址对其进行操作（关于内存空间的申请和回收等操作将在案例3中讲解）；

（2）通过被调函数改变主调函数变量的值时。由于值只能由实参向形参单向传递，所以被调函数无法通过改变形参的值去改变主调函数中变量的值，只能通过间接访问指针指向的内存空间来改变主调函数中变量的值。scanf()函数就是一个很好的例子。

案例实现

1. 案例设计

假设将案例描述中的宝宝和爸爸视为变量，书房和卧室视为存储空间，那么在实现时，卧室和书房都应设置为指针，卧室和书房指向宝宝和爸爸的地址。

2. 完整代码

```
1   #include <stdio.h>
2   int main()
3   {
4       int father = 1;                    //定义爸爸变量
5       int baby = 2;                      //定义宝宝变量
6       int *sturoom,*bedroom;             //定义指针
7       int *dd = &father;                 //获取爸爸的地址
8       sturoom = dd;                      //使用爸爸变量的地址为指针 sturoom 赋值
9       bedroom = &baby;                   //取宝宝变量的地址赋给卧室指针
10      //输出地址
11      printf("爸爸所在的地址为：%x\n", sturoom);
12      printf("宝宝所在的地址为：%x\n", bedroom);
13      //输出变量存储的数值
14      printf("爸爸：%d\n", *sturoom);       //通过指针间接访问
15      printf("宝宝：%d\n", *bedroom);
16      return 0;
17  }
```

运行结果如图 6-3 所示。

图6-3 【案例1】程序运行结果

 多学一招：空指针、无类型指针、野指针

空指针：空指针即没有指向任一存储单元的指针。有时可能需要用到指针，但是不确定指针在何时何处使用，因此先使定义好的指针指向空。具体示例如下：

```
int* p1=0;                    //0 是唯一不必转换就可以赋值给指针的数据
int* p2=NULL;                 //NULL 是一个宏定义，其作用与 0 相同
                              //在 ASCII 码中，编号为 0 的字符就是空
```

一般在编程时，先将指针初始化为空，再对其进行赋值操作：

```
int x=10;
int* p=NULL;                  //使指针指向空
P=&x;
```

无类型指针：之前讲述的指针都有确定的类型，如 int*型、char*型等，但有时指针无法被给出明确的类型定义，此时就用到了无类型指针。无类型指针使用 void*修饰，这种指针指向一块内存，但因其类型不定，程序无法根据这种定义确定为该指针指向的变量分配多少存储空间，所以若要使用该指针为其他基类指针赋值，必须先转换成其他类型的指针。使用该指针接收其他指针时不需要强转。具体示例如下：

```
void *p=NULL,*q;              //定义一个无类型的指针变量
int* m=(int*)p;               //将无类型的指针变量 p 强制转换为 int*型再赋值
int a=10;
q=&a;                         //接收其他类型的指针时不必强转
```

野指针：指向不可用区域的指针。对野指针进行操作可能会发生不可预知的错误。野指针的形成原因有以下两种：

1. 指针变量没有被初始化。定义的指针变量若没有被初始化，则可能指向系统中任意一块存储空间，若指向的存储空间正在使用，当发生调用并执行某种操作时，就可能造成系统崩溃，因此在定义指针时应使其指向合法空间。

2. 若两个指针指向同一块存储空间，指针与内存使用完毕之后，调用相应函数释放了一个指针与其指向的内存，却未改变另一个指针的指向，将其置空。此时未被释放的指针就变为野指针。

在编程时，可以通过"if(p==NULL){}"来判断指针是否指向空，但是无法检测该指针是否为野指针，所以要避免野指针的出现。

【案例 2】 猜宝游戏

案例描述

学生时代的生活虽然单一，但也有许多小游戏贯穿其中，给平淡的校园生活增添了一丝乐趣，猜硬币就是这些游戏之一。某个课间，甲和乙一起玩猜硬币的游戏：初始时，甲的左手握着一枚硬币，游戏开始后，甲进行有限次或真或假的交换，最后由乙来猜测这两只手中是否有硬币。

本案例要求编写程序，实现游戏过程。

案例分析

由于该案例比较主观，并且甲的手法和乙的眼力都能影响游戏的结果，因此本案例的目的在于模拟游戏过程。

因为游戏要执行有限次，所以需要首先确定交换进行的次数，通过循环执行每次交换；又因为每次交换是真是假并不确定，所以至少需要实现两个交换函数，一个函数真正地实现两只手中

硬币的交换，另一个只需表面完成交换。而每次是否真正地交换硬币也是随机的，因此使用随机数发生器来决定每次选择执行的函数。

本案例中将涉及到指针的相关使用方式，下面先来学习这些知识。

必备知识

1. 指针作为函数参数

在 C 语言中，实参和形参之间的数据传递是单向的值传递，即只能由实参传递给形参，而不能由形参传递给实参。这与 C 语言中内存的分配方式有关。当发生函数调用时，系统会使用与形参对应的实参为形参赋值，此时的形参以及该函数中的变量都存放在函数调用过程中系统在栈区开辟的空间里，栈区于函数调用时被分配，于函数调用结束时被回收，在此过程中，栈区对主调函数不可见，因此主调函数并不能读取栈中形参的数据。若要将栈中的数据传递给主调函数，只能用关键字"return"来实现。

并非所有从主调函数传入被调函数的数据都是不需要改变的。在第四章学习函数时曾讲到过返回值，利用返回值可以将在被调函数中修改的数据返回给主调函数，但是 C 语言中返回值只能返回一个数据，往往不能达到要求；函数中也曾学到过全局变量，但是这种方式违背模块化程序设计的原则，与函数的思想背道而驰。

本节将学习一种新的方法，即使用指针变量作为函数的形参，通过传递地址的方式，使形参和实参都指向主调函数中数据所在地址，从而使被调函数可以对主调函数中的数据进行操作。

2. 指针的交换

根据指针可以获得变量的地址，也可以得到变量的信息，所以指针交换包含两个方面，一是指针指向交换，二是指针所指地址中存储数据的交换。

（1）指针指向交换

若要交换指针的指向，首先需要申请一个指针变量，记录其中一个指针原来的指向，再使该指针指向另外一个指针，使另外一个指针指向该指针原来的指向。假设 p 和 q 都是 int*型的指针，则其指向交换示意图如图6-4所示。

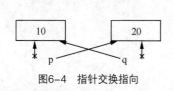

图6-4　指针交换指向

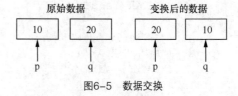

图6-5　数据交换

具体的实现方法如下：

```
int *tmp=NULL;                    //创建辅助变量指针
tmp=p;                            //使用辅助指针记录指针 p 的指向
p=q;                             //使指针 p 记录指针 q 的指向
q=tmp;                           //使指针 q 指向 p 原来指向的地址
```

（2）数据的交换

若要交换指针所指空间中的数据，首先需要获取数据，获取数据的方法在案例一中已经讲解，即使用"*"运算符取值。假设 p 和 q 都是 int*型的指针，则数据交换示意图如图 6-5所示。

具体的实现方法如下：

```
int tmp=0;                    //创建辅助变量
tmp=*p;                       //使用辅助变量记录指针 p 指向地址中的数据
*p=*q;                        //将 q 指向地址中的数据放到 p 所指地址中
*q=tmp;                       //将 p 中原来的数据放到 q 所指地址中
```

案例实现

1. 案例设计

（1）使用基类型的变量作为形参，构造交换函数；

（2）使用指针变量作为形参，在函数体中交换指针的指向；

（3）使用指针变量作为形参，在函数体中交换指针变量所指内存中存储的数据；

（4）使用随机数生成器确定交换发生的次数，选择每轮要执行的交换方法；

（5）使用 while 循环语句控制交换进行的轮数；

（6）使用 switch 语句根据产生的随机数选择本轮执行的交换方法。

2. 完整代码

```
1   #include <stdio.h>
2   #include <stdlib.h>
3   //函数声明
4   void exc1(int l, int r);
5   void exc2(int* l, int* r);
6   void exc3(int* l, int* r);
7   //游戏模拟
8   //使用随机函数获取交换的次数, 和每次交换所选择的函数
9   int main()
10  {
11      int a = 0, i = 0, j;
12      int l = 1, r = 0;
13      srand((unsigned int)time(NULL));
14      i = 5 + (int)(rand() % 5);                        //随机设置交换次数
15      j = i;
16      printf("a: %d,i: %d\n",a,i);
17      printf("原始状态: \n");
18      printf("l=%d,r=%d\n\n", l, r);
19      while (i>0)
20      {
21          i--;
22          a = 1 + (int)(rand() % 3);
23          switch (a)
24          {
25          case 1:
26              exc1(l, r);
27              printf("exc1-第%d 次交换后的状态\n", j - i);
28              printf("l=%d,r=%d\n\n", l, r);
29              break;
30          case 2:
31              exc2(&l, &r);
```

```
32              printf("exc2-第%d 次交换后的状态\n", j - i);
33              printf("l=%d,r=%d\n\n", l, r);
34              break;
35          case 3:
36              exc3(&l, &r);
37              printf("exc3-第%d 次交换后的状态\n", j - i);
38              printf("l=%d,r=%d\n\n", l, r);
39              break;
40          default:
41              break;
42          }
43      }
44      return 0;
45  }
46  //函数定义
47  void exc1(int l, int r)
48  {
49      int tmp;
50      tmp = l;            //交换形参的值
51      l = r;
52      r = tmp;
53  }
54  void exc2(int* l, int* r)
55  {
56      int* tmp;
57      tmp = l;            //交换形参的值
58      l = r;
59      r = tmp;
60  }
61  void exc3(int* l, int* r)
62  {
63      int tmp;
64      tmp = *l;           //交换形参变量指向内容的值
65      *l = *r;
66      *r = tmp;
67  }
```

运行结果如图 6-6 所示。

3. 代码详解

第 4~6 行代码给出了三个交换函数的声明，第 9~45 行代码为主函数，第 47~67 行代码为三个交换函数的定义；在主函数中，第 19~43 行代码为 while 循环的循环体；第 23~42 行代码为 switch 语句，根据由 a 记录的 rand() 函数产生的随机数选择使用的交换函数。

关于本程序中的三个交换函数，第一个函数传入的是基变量，函数中的数据交换随着函数的结束与栈的回收而失效，并不能对主函数产生影响，所以是一个假交换；第二个函数传入的为指针变量，将两个基变量的地址作为参数传入函数，但是函数中修改的只是这两个形参指针的指向，并未修改原地址中的数据，所以同样是假交换；第三个函数传入指针变量，通过指针变量操作了地址中对应的变量，所以是真交换。

图6-6 【案例2】运行结果

【案例3】 幻方

案例描述

不知大家是否还记得第五章案例 3 中讲解的魔方阵？将从 1 至 n^2 的自然数排列成纵横各有 n 个数的矩阵，使每行、每列、每条主对角线上的 n 个数之和都相等。这样的矩阵就是魔方阵，也称作幻方。本案例要求编写程序，实现奇数阶的幻方。如图 6-7 所示，为一个 3 阶幻方。

8	1	6
3	5	7
4	9	2

图6-7 3阶幻方

案例分析

观察图 6-7 中的 3 阶幻方，其中的每一行之和分别为：8+1+6=15，1+5+7=15，4+9+2=15；每一列之和分别为：8+3+4=15，1+5+9=15，6+7+2=15；对角线之和分别为：8+5+2=15，6+5+4=15。其行、列、对角线之和全部相等。其和 $sum=n×(n^2+1)/2=3×(3^2+1)/2=15$。幻方的构造规则在第五章中已经讲解，这里不再赘述。

在设计案例之前，先来学习案例实现时将会涉及的知识。

必备知识

1. 指针和一维数组

一个普通的变量有地址，一个数组包含若干个变量，数组中的每个元素都在内存中占据存储单元，所以每个元素都有各自的地址。指针可以通过变量的地址访问相应的变量，当然也可以根据指针的指向来访问数组中的元素。

以 int 型数组为例，假设有一个 int 型的数组，其定义如下：

```
int a[5]={1,2,3,4,5};
```

若要使用指针指向数组中的元素，则其方法如下：

```
int *p=NULL;                              //定义一个指针
p=&a[0];                                  //使指针指向数组中的元素 a[0]
```

也可以使指针直接指向数组 a[]。通过对之前章节的学习已经知道，数组名实质上是一个指向数组首地址的指针，也就是指向数组中第一个元素的指针，但这个指针不同于普通的元素指针，它的值不能被修改。所以若要通过指针访问数组中的其他元素，必须先定义一个指向该数组的指针，该指针的定义方式如下：

```
int* p=NULL;                              //定义一个指针
p=a;                                      //使指针指向数组的首地址
```

实质上本条定义语句与之前的赋值语句 "p=&a[0]" 等价，都是将数组中首元素的地址赋给指针变量。另外需要注意的是，数组名是一个地址，在为指针赋值时不可再对其进行取址操作。本条赋值语句将数组的数组名赋给了指针 p，此时 p 与数组名等价，所以可以像使用数组名一样，使用下标取值法对数组中的元素进行取值。其表示如下：

```
p[下标]                                   //下标取值法
```

指针的实质就是地址，其实对地址的加减运算并无意义，地址的值也不允许随意修改，但是当指针指向数组元素时，对指针进行加减运算能大大提高指针的效率。

若数组指针与一个整数结合，则执行加法操作，例如对以上定义的，指向数组 a[] 的指针 p，使 p=p+1，则指针 p 将会指向数组中当前位置的下一个元素，即指向数组 a[] 中的元素 a[1]。这是因为针对数组中的元素执行 p+1 操作时并非将地址的值进行简单的加 1，而是根据数组元素的类型，加上一个元素所占的字节数。在本次 p=p+1 时，指针实际上加了 4 个字节（一个 int 型数据所占的字节），若指针 p 存储的地址原本为 0x2016，则运算后的指针存储的地址变为 0x2020。其图形表示如图 6-8 所示。

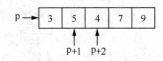

图6-8　数组元素与指针

同理，若执行 p=p+2，则指针 p 将会指向数组元素 a[2]，其地址由原本的 0x2016 变为 0x2024；若再执行 p=p-1，指针会向后回退一个存储单元，从指向 a[2] 变为指向 a[1]。

在案例 1 中已经学习过如何通过指针间接取值，使用指针间接获取数组元素的方式与之类似，都是使用 "*" 运算符来取值。假设此时指针 p 指向数组元素 a[0]，若要使用指针获取数组元素 a[2] 的值，可以使用如下两种方式。

（1）移动指针，使指针指向 a[2]，获取指针指向元素的值：

```
p=p+2;
printf(" %d",*p);
```

（2）不改变指针指向，通过数组元素指针间的关系运算指针并取值：

```
printf(" %d",*(p+2));
```

这是使用指针获取数组中元素的另一种方法。

假设要获取数组 a 中的元素 a[3]，则使用下标法和指针法取值的方式分别如下：

```
p[3]                              //下标取值法
*(p+3)                            //指针取值法
```

当指针指向数组元素时，还可以进行减法操作。此时指针类型相同，因此相减之后的结果必为数组元素类型字节长度的倍数，根据这个数值，可以计算出两个元素之间相隔元素的个数。

比如此时指针 p1 指向数组元素 a[1]，指针 p2 指向数组元素 a[3]，则执行以下操作：

```
(p2-p1)/sizeof(int)
```

得到的结果为 2，表示 p1 和 p2 所指的元素之间相隔两个元素，如此一来，不需要具体地知道两个指针所对应的数据，就可以知道它们的相对距离。

需要注意的是，两个指针（地址）相加没有意义。

2. 内存分配

在程序执行的过程中，为保证程序能顺利执行，系统会为程序以及程序中的数据分配一定的存储空间。但是有些时候，系统分配的空间无法满足要求，此时需要编程人员手动申请堆上的内存空间来存储数据。

C 语言中申请空间常用的函数为：malloc()函数、calloc()函数和 realloc()函数，这三个函数包含在头文件"stdlib.h"中，都能申请堆上的空间。

（1）malloc()函数

malloc()函数用于申请指定大小的存储空间，其函数原型如下：

```
void* malloc(unsigned int size);
```

在该原型中，参数 size 为所需空间大小。该函数的返回值类型为 void*，使用该函数申请空间时，需要将空间类型强转为目标类型。假设要申请一个大小为 16 字节、用于存储整型数据的空间，则公式如下：

```
int* s=(int*)malloc(16);
```

当为一组变量申请空间时，常用到 sizeof 运算符，该运算符常用于求变量或数据类型在内存中所占的字节数。在调用 malloc()等函数时使用 sizeof 运算符，可以在已知数据类型和数据数量的前提下方便地传入需要开辟空间的大小。假设为一个包含 8 个 int 型数据的数组申请存储空间，其方法如下所示：

```
int *arr=(int*)malloc(sizeof(int)*8);
```

该语句的作用是，为整型数组 arr 开辟了 8 个 int 类型的存储单元。

（2）calloc()函数

calloc()函数与 malloc()函数基本相同，执行完毕后都会返回一个 void*型的指针，只是在传值的时候需要多传入一个数据。其函数原型如下：

```
void* calloc(unsigned int count,unsigned int size);
```

calloc()函数的作用比 malloc()函数更为全面。经 calloc()函数申请得到的空间是已被初始化的空间，其中数据全都为 0，而 malloc()函数申请的空间未被初始化，存储单元中存储的数据不可知。另外 calloc()在申请数组空间时非常方便，它可以通过参数 size 设置为数组元素的空间大小，通过参数将 count 设置为数组的容量。

（3）realloc()函数

realloc()函数的函数原型如下：

```
void* realloc(void* memory,unsigned int newSize);
```

realloc()函数的参数列表包含两个参数，参数 memory 为指向堆空间的指针，参数 newSize 为新内存空间的大小。realloc()函数的实质是使指针 memory 指向存储空间的大小变为 newSize。如果 memory 原本指向的空间大小小于 newSize，则系统将试图合并 memory 与其后的空间，若能满足需求，则指针指向不变；如果不能满足，则系统重新为 memory 分配一块大小为 newSize 的空间。如果 memory 原本指向的空间大小大于或等于 newSize，将会造成数据丢失。

3. 内存回收

需要注意的是，使用 malloc()函数、calloc()函数、realloc()函数申请到的空间都为堆空间，程序结束之后，系统不会将其自动释放，需要由程序员自主管理。

C 语言提供了 free()函数来释放由以上几种方式申请的内存，free()函数的使用方法如下：

```
int* p=(int*)malloc(sizeof(int)*n);            //申请
free(p);                                       //释放
```

若用户申请的堆空间没有及时回收，可能会导致内存泄漏。内存泄漏也称为"内存渗漏"，使用动态存储分配函数开辟的空间，在使用完毕后若未释放，将会一直占据该存储单元，直到程序结束。

若发生内存泄漏，则某个进程可能会逐渐占用系统可提供给进程的存储空间，该进程运行时间越长，占用的存储空间就越多，直到最后耗尽全部存储空间，导致系统崩溃。

内存泄漏是从操作系统的角度考虑的，这里的存储空间并非指物理内存，而是指虚拟内存大小，这个虚拟内存大小取决于磁盘交换区设定的大小。由程序申请的一块内存，如果没有指针指向它，那么就说明这块内存泄漏了。

除了这几个函数，还有其他常用的内存操作函数，具体请参见附录Ⅳ。

案例实现

1. 案例设计

（1）矩阵的行数、列数、矩阵中元素的数量都由 n 确定，在程序中设置 scanf()函数，由用户手动控制幻方的规模。因为本案例针对奇数阶的幻方，所以如果输入的数据不是奇数，则使用 goto 语句回到输入函数之前；

（2）因为本案例中元素的数量不确定，所以使用 malloc()函数动态申请存储空间；

（3）幻方中的数据按行序优先存储在 malloc()函数开辟的空间中，在输出时，每输出 n 个数据，进行一次换行；

（4）将所有的操作封装在一个函数中，在主函数中调用该函数。幻方输出之后，使用 free()函数释放函数中申请的堆空间。

2. 完整代码

```
1  #include <stdlib.h>
2  #include <stdio.h>
3  void array();
4  int main ()
5  {
6      array();                        //调用 array 函数
7      return 0;
```

```
8    }
9    void array()
10   {
11       int n, i, j, idx, num, MAX;
12       int* M;                              //定义一个一维数组指针，按行优先存储矩阵中的元素
13       printf("请输入 n: ");
14       input:
15       scanf("%d", &n);
16       if (n % 2 == 0)                      //n 是偶数，则重新输入
17       {
18           printf("n 不为奇数，请重新输入：");
19           goto input;
20       }
21       MAX = n*n;                           //MAX 为幻方中的最大值，也是元素个数
22       M = (int*)malloc(sizeof(int)*MAX);   //分配存储空间
23       M[n / 2] = 1;                        //获取数值 1 的列标
24       i = 0;
25       j = n / 2;
26       //从 2 开始确定每个数的存放位置
27       for (num = 2; num <= MAX; num++)
28       {
29           i = i - 1;
30           j = j + 1;
31           if ((num - 1) % n == 0)          //当前数是 n 的倍数
32           {
33               i = i + 2;
34               j = j - 1;
35           }
36           if (i < 0)                       //当前数在第 0 行
37               i = n - 1;
38           if (j>n - 1)                     //当前数在最后一列，即 n-1 列
39               j = 0;
40           idx = i*n + j;                   //根据二维数组下标与元素的对应关系
41                                            //找到当前数在数组中的存放位置
42           M[idx] = num;
43       }
44       //打印生成的幻方
45       printf("生成的%d 阶幻方：", n);
46       idx = 0;
47       for (i = 0; i < n; i++)
48       {
49           printf("\n");                    //每 n 个数据为一行
50           for (j = 0; j < n; j++)
51           {
52               printf("%3d", M[idx]);
53               idx++;
54           }
55       }
56       printf("\n");
```

```
57     free(M);                              //手动释放堆空间
58  }
```

运行结果如图 6-9 所示。

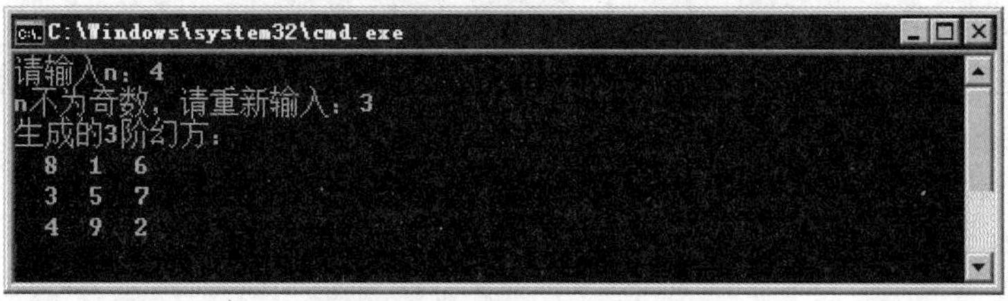

图6-9 【案例3】运行结果

3. 代码详解

本案例的代码实现中包含一个主函数 main()和一个功能函数 array()，其中 main()函数主要作为程序的入口，array()函数实现程序的功能。

在 array()函数中，首先定义了一个一维数组指针，用于存储矩阵中的元素，之后使用 scanf()函数获取矩阵的大小。因为本案例要求生成奇数阶的方阵，所以需要对输入的数据进行判断。第 16 ~ 20 行代码为判断输入的数据是否为奇数，若不是，则使用 goto 语句回到第 15 行代码，利用 scanf()函数重新输入。

第 22 行代码为之前定义的一维数组分配存储空间；第 27 ~ 43 行代码确定数组中每个数据在方阵中的位置；第 47 ~ 55 行代码输出之前生成的方阵。

第 57 行代码为手动释放之前为一维数组申请的堆空间。

根据图 6-9 中的运行结果可以看出，程序实现了案例 3 要求的功能。

【案例 4】 快速排序

案例描述

快速排序由 C・A・R・Hoare 在 1962 年提出，是对冒泡排序的改进。它的基本思想是：通过一趟排序将要排序的数据分割成独立的两部分，其中一部分的所有数据比另外一部分的都小；然后再按此方法，对这两部分数据分别进行快速排序，整个排序过程可以递归进行，直到整个数据变成有序序列为止。相比于冒泡排序，快速排序在时间、性能上有大大的提升。本案例要求使用指针实现快速排序算法，并将排序结果逐个输出。

案例分析

设要排序的数组是 S[0]...S[N-1]，首先任意选取一个数据（通常选用数组的第一个数）作为关键数据，然后将所有比键值小的数都放到键值之前，所有比键值大的数都放到键值之后，这个过程称为一趟快速排序。一趟快速排序的算法步骤如下：

（1）设置两个变量 low、high，排序开始的时候：low=0, high=N-1；

（2）以第一个数组元素作为关键数据，赋值给 key，即 key=S[0]；

（3）从 high 开始向前搜索，即从后向前搜索（high--），找到第一个小于 key 的值 S[high]，将 S[high]和 S[low]互换；

（4）从 low 开始向后搜索，即从前向后搜索（low++），找到第一个大于 key 的值 S[low]，将 S[low]和 S[high]互换；

（5）重复步骤（3）、（4），直到 low>=high 为止。

需要特别注意的是，若在第（3）、（4）步中，没找到符合条件的值，即（3）中 S[high]不小于 key、（4）中 S[low]不大于 key 时，改变 high、low 的值，使得 high=high−1，low=low+1，直至找到为止。找到符合条件的值，进行交换时，low、high 指针位置不变。

案例实现

1. 案例设计

根据快速排序的思想可知，快速排序是一个递归的算法，在实现的过程中将会发生对其自身的调用。递归将一个大型复杂的问题层层转化为一个与原问题相似的、规模较小的问题来求解，在快速排序中，小规模的问题包括两个操作，一是分割数组，二是进行比较。在最小规模的问题中，分割后的数组只有两个数据，本层排序只对这两个数据进行比较排序即可。

2. 完整代码

```
1  #include <stdio.h>
2  //快速排序
3  void QuickSort(int *arr, int left, int right)
4  {
5      //如果数组左边的索引大于或等于右边索引，说明该序列整理完毕
6      if (left >= right)
7          return;
8      int i = left;
9      int j = right;
10     int key = *(arr + i);              //使用 key 来保存作为键值的数据
11     //本轮排序开始，当 i=j 时本轮排序结束，将值赋给 arr[i]
12     while (i < j)
13     {
14         while ((i < j) && (key <= arr[j]))
15             j--;                       //不符合条件，继续向前寻找
16         *(arr + i) = *(arr + j);
17         //从前往后找一个大于当前键值的数据
18         while ((i < j) && (key >= arr[i]))
19             i++;                       //不符合条件，继续向后寻找
20         //直到 i<j 不成立时 while 循环结束，进行赋值
21         *(arr + j) = *(arr + i);
22     }
23     *(arr + i) = key;
24     QuickSort(arr, left, i - 1);
25     QuickSort(arr, i + 1, right);
26  }
27  //输出数组
28  void print(int *arr, int n)
29  {
```

```
30      for (int i = 0; i < n; i++)
31          printf("%d ", *(arr + i));
32 }
33 int main()
34 {
35      int arr[10] = { 3, 5, 6, 7, 2, 8, 9, 1, 0, 4 };
36      printf("原数组：\n");
37      print(arr, 10);
38      QuickSort(arr, 0, 9);              //排序算法
39      printf("\n排序后的数组：\n");
40      print(arr, 10);                   //输出数组
41      return 0;
42 }
```

运行结果如图 6-10 所示。

图6-10 【案例6】运行结果

3. 代码详解

代码分为三部分：主函数，快速排序算法函数和输出函数。

第 3~26 行代码为排序函数的功能实现，其中参数列表包括一个数组指针和两个下标索引。在排序函数中，首先判断参数列表的两个索引情况，若数组左边的索引大于或等于右边索引，说明数组序列调整完毕，否则使用变量 i、j 分别记录索引，使用变量 key 记录本轮排序的键值。第 12~22 行代码为比较赋值部分，其主要功能是调整数组中的数据，使其分别有序。第 23 行代码将记录的键值放到合适的位置，然后对被键值分割出的两部分分别进行快速排序。

第 28~32 行代码为输出函数的实现，其作用是根据数组指针，逐个输出数组中的数据。

第 33~42 行代码为主函数部分，在主函数中首先定义了一个整型数据，之后调用输出函数将该数组输出，然后调用排序函数对其进行排序，最后再将排序后的数据输出。

【案例5】 数据表

案例描述

工作生活中常常需要处理一些数据，小到个人的日常开支，大到公司的整体运营，为了使数据处理的效率更高、操作更加方便，常常使用各式各样的数据表来存储这些数据。例如使用一张表格记录全班学生的成绩，针对该表格，可以执行基于行的操作，求出某个学生的总成绩，也可以执行基于列的操作，求得某个科目的成绩，进而得出本班学生某科目的平均分。

如图 6-11 为一个简单的数据表。编程实现一个数据表，用户可以向系统中动态地输入一批正整数，并能完成基于行或列的求和运算。

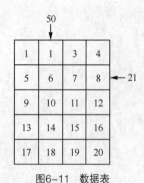

图6-11　数据表

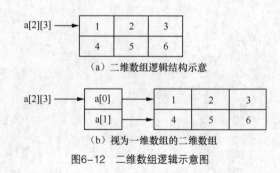

（a）二维数组逻辑结构示意

（b）视为一维数组的二维数组

图6-12　二维数组逻辑示意图

案例分析

图6-11中是一张用于存储正整数的数据表,程序应逐行或者逐列地存储表中的每一个数据,并能逐个获取表中的数据,按照行或者列对表中的数据进行运算。该表的形式类似二维数组的逻辑存储结构,所以在案例实现时很容易想到使用二维数组来存储该表,但本章节要讲解的知识都与指针有关,因此本案例的实现借助指针完成。

本案例要讲解的主要知识有两个:一是函数指针,该知识将在选择求和函数时使用;二是指针与二维数组的联系,本案例中数据的存储基于二维数组,数据的获取利用数组指针。下面分别讲解这两个知识点。

必备知识

1. 指针与二维数组

（1）使用指针引用二维数组

在之前的案例中,我们学习了如何用指针引用一维数组。二维数组与多维数组同样有地址,也可以使用指针引用,只是因为其逻辑结构较一维数组复杂,所以操作也较为复杂。程序中使用较多的通常是一维数组与二维数组,这里我们来介绍指针与二维数组的关系。

假设要定义一个二行三列的二维数组,示例如下:

```
int a[2][3]={{1,2,3},{4,5,6}};
```

其中 a 是二维数组的数组名,该数组中包含两行数据,分别为{1,2,3}和{4,5,6}。从数组 a[][] 的形式上可以看出,这两行数据又分别为一个一维数组,所以二维数组又被视为数组元素为一维数组的一维数组。数组 a[][] 的逻辑示意分别如图 6-12 所示。

根据图 6-12（b）中的逻辑结构示意图可以看出,与一维数组一样,二维数组的数组指针同样指向数组中第一个元素的地址,只是二维数组中的元素不是单独的数据,而是由多个数据组成的一维数组。

在一维数组中,指向数组的指针每加 1,指针移动步长等于一个数组元素的大小,而在二维数组中,指针每加 1,指针将移动一行,以数组 a 为例,若定义了指向数组的指针 p,则 p 初始时指向数组中的第一行元素,若使 p+1,则 p 将指向数组中的第二行元素。

综上,假设数组中的数据类型为 int,每行有 n 个元素,则数组指针每加 1,指针实际移动的步长为:n*sizeof(int)。

另外，一般用数组名与行号表示一行数据。以上文定义的数组 a[][]为例，a[0]就表示第一行数据，a[1]表示第二行数据。a[0]、a[1]相当于二维数组中一维数组的数组名，指向二维数组对应行的第一个元素，a[0]=&a[0][0]，a[1]=&a[1][0]。

已经得到二维数组中每一行元素的首地址，那么该如何获取二维数组中单个的元素呢？此时仍将二维数组视为数组元素为一维数组的一维数组，将一个一维数组视为一个元素，再单独获取一维数组中的元素。已知一维数组的首地址为 a[i]，此时的 a[i]相当于一维数组的数组名，类比一维数组中使用指针的基本原则，使 a[i]+j，则可以得到第 i 行中第 j 个元素的地址，对其使用"*"操作符，则*(a[i]+j)表示二维数组中的元素 a[i][j]。若类比取值原则对行地址 a[i]进行转化，则 a[i]可表示为 a+i。

在此需要注意一个问题，即 a+i 与*(a+i)的意义。通过之前一维数组的学习我们都知道，"*"表示取指针指向的地址存储的数据。但在二维数组中，a+i 虽然指向的是该行元素的首地址，但是它代表的是整行数据元素，只是一个地址，并不表示某一元素的值。*(a+i)仍然表示一个地址，与 a[i]等价。*(a+i)+j 表示二维数组元素 a[i][j]的地址，等价于&a[i][j]，也等价于 a[i]+j。

下面给出二维数组中指针与数据的多种表示方法及意义。仍以数组 a[][]为例，具体如表 6-1 所示。

表 6-1　二维数组中相关指针与数据的表示形式

表示形式	含义
a	二维数组名，指向一维数组 a[0]，为 0 行元素首地址，也是 a[0][0]的地址
a[i],*(a+i)	一维数组名，表示二维数组第 i 行元素首地址，值为&a[i][0]
*(a+i)+j	二维数组元素地址，二维数组中最小数据单元地址，等价于&a[i][j]
((a+i)+j)	二维数组元素，表示第 i 行第 j 列数据的值，等价于 a[i][j]

（2）作为函数参数的二维数组

一维数组的数组名就是一个指针，若要将一维数组传入函数，只需传入数组名，或指向该数组首地址的指针即可。假设要将一维数组 a[5]传入 func()函数中，函数声明如下：

```
func(int a[]);
```

函数调用时的形式如下：

```
func(a);
```

若在程序中定义一个指向该一维数组的指针：

```
int *p=a;
```

则也可以将该指针传入函数，其形式如下：

```
func(p);
```

若使用一维数组指针传值的方式类比二维数组，很容易将其传入的参数声明为"int **arr"，但这样写是不对的，因为"int **arr"是一个二级指针，它声明的是一个指向整型指针的指针，而非指向整型数组的指针。

若将二维数组传入函数，形式相对略为复杂。一维数组可以不关心数组中数据的个数，但二维数组既有行，又有列，在定义时行值可以缺省，列值不能缺省，所以将二维数组的指针传递到函数中时必须确定数组的列值。定义一个数组指针的形式如下：

　　数据类型 (*数组指针名) [列号];

假设现在要将数组 a[4][5]传入函数 func()，则其实现如下：

```
int (*P)[5]=a;
func(p);
```

在这里要注意指针数组与数组指针的区别。指针数组表示数组元素都为指针的一个数组，数组指针表示指向数组的指针，其定义形式的区别在于"*"和"[]"与变量名结合时的优先顺序，切记在定义数组指针时，"()"不可丢失，因为"[]"的优先级高于"*"，所以若没有小括号，该变量就会被编译为指针数组。

2. 函数指针

（1）函数指针的定义

若在程序中定义了一个函数，编译时，编译器会为函数代码分配一段存储空间，这段空间的起始地址（又称入口地址）称为这个函数的指针。

与普通变量相同，同样可以定义一个指针指向存放函数代码的存储空间的起始地址，这样的指针叫做函数指针。函数指针的定义格式如下：

```
返回值类型 (*变量名)(参数列表)
```

其中返回值类型表示指针所指函数的返回值类型，"*"表示这是一个指针变量，参数列表表示该指针所指函数的形参列表。

假设定义一个参数列表为两个 int 型变量，返回值类型为 int 的函数指针，则其格式如下：

```
int (*p)(int,int);
```

需要注意的是，因为"*"的优先级较高，所以要将"*变量名"用小括号括起来。

函数指针的类型应与函数返回值指针类型相同，假设有一函数声明为：

```
int func(int a,int b);
```

则可以使用以上定义的函数指针指向该函数，即使用该函数的地址为函数指针赋值，其形式如下：

```
p=func;
```

由此也可以看出，函数名类似于数组名，也是一个指针，指向函数所在存储空间的首地址。

（2）函数指针的应用

函数指针主要有两个用途，一是调用函数，使用函数指针调用对应函数，方法与使用函数名调用函数类似，只需将函数名替换为"*指针名"即可。假设要调用指针 p 指向的函数，其形式如下：

```
(*p)(3,5);
```

二是将函数的地址作为函数参数传入其他函数。将函数的地址传入其他参数，就可以在被调函数中使用实参函数。函数指针作为函数参数的示例如下：

```
void func(int (*p)(int,int),int b,int c);
```

案例实现

1. 案例设计

（1）创建一个二维数组，使用循环语句为其赋值；

（2）在循环结构中使用指针读取数组中的数据并输出；

（3）根据案例要求，在程序中使用两个函数分别实现不同方式的求和计算；

（4）同时在主函数中创建函数指针，当用户做出选择之后，根据选择结果调用函数。

2. 完整代码

```
1    #include <stdio.h>
2    //函数声明
3    void sumbyrow(int(*arr)[4], int row, int *sum);
4    void sumbycol(int(*arr)[4], int col, int *sum);
5    int main()
6    {
7        int dataTable[5][4] = { 0 };                    //定义数据表
8        int i, j;
9        printf("录入数据中...\n");
10       for (i = 0; i < 5; i++)
11       {
12           for (j = 0; j < 4; j++)
13               dataTable[i][j] = i * 4 + j;
14       }
15       printf("录入完毕\n");
16       int(*p)[4] = dataTable;                         //定义数组指针
17       printf("输出数据：\n");
18       for (i = 0; i < 5; i++)
19       {
20           for (j = 0; j < 4; j++)
21               printf("\t%d", *(*(p + i) + j));
22           printf("\n");
23       }
24       int select, pos, sum;
25       void(*q)();                                     //定义函数指针
26       //求和计算
27       printf("请输入求和方式（行:0/列:1）: ");
28       scanf("%d", &select);
29       printf("选择行/列：");
30       scanf("%d", &pos);
31       if (select == 0)
32       {
33           printf("按行求和，第%d行数据",pos);
34           q = sumbyrow;
35       }
36       else if (select == 1)
37       {
38           printf("按列求和，第%d列数据", pos);
39           q = sumbycol;
40       }
41       (*q)(dataTable, pos, &sum);
42       printf("求和结果为:%d\n", sum);
43       return 0;
44   }
```

```
45  //按行求和
46  void sumbyrow(int (*arr)[4], int row, int *sum)
47  {
48      int i = 0;
49      *sum = 0;
50      for (i = 0; i < 4; i++)
51          *sum += *(*(arr + row-1) + i);
52  }
53  //按列求和
54  void sumbycol(int(*arr)[4], int col, int *sum)
55  {
56      int i = 0;
57      *sum = 0;
58      for (i = 0; i < 5; i++)
59          *sum += *(*(arr + i) + col-1);
60  }
```

运行结果如图 6-13 所示。

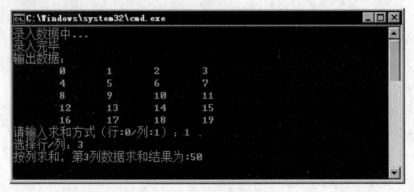

图6-13　【案例5】运行结果

3. 代码详解

第 3、4 行代码为两个求和函数的声明。

第 7 行代码定义了一个二维数组 dataTable,用于存储数据表;第 10~14 行代码用于初始化数组 dataTable;

第 16 行代码定义了一个数组指针,指向二维数组 dataTable;第 18~23 行代码使用指针获取数组中的数据并输出;

第 24 行代码之后为求和部分:第 25 行代码定义了一个函数指针;第 28、30 两行代码分别用于输入求和操作的参数;第 31~40 行代码用于为函数指针赋值,选择将要执行的函数;

第 41 行代码利用函数指针对函数进行调用;第 42 行代码输出求和结果。

第 46~52 行代码为按行求和的函数,其返回值类型为 void,参数列表为:二维数组指针、行值和用于记录和的变量的指针。在函数实现的过程中,根据二维数组的逻辑结构,逐个相加,并在函数内部根据传入的指针直接修改变量 sum 的值。

第 54~60 行代码为按列求和的函数,其原理与实现步骤与按行求和基本相同,此处不再赘述。

【案例 6】 点名册

案例描述

在大学的课堂上，本节课坐在你旁边的可能是位女同学，下节课坐在你旁边的可能是一位男同学；这一节课你可能坐在教室的前三排，下次再来这个教室上课，若来得晚，可能就坐在了教室的最后一排。由于大学的课堂中每个人的座位不确定，授课的老师很难将学生的姓名与学生本人对应起来，所以大学往往采取课堂点名的制度来确定本节课上课的学生，此时就需要使用到点名册。

案例要求编程实现一份基于指针的点名册，记录学生的姓名，并能实现学生姓名的输出；点名册中的学生姓名由多个字符组成，点名册中包含不止一名学生。

案例分析

若将每个学生的姓名视为一个字符数组，则点名册中的内容可以视为多个字符数组的集合。如若每个学生姓名所占用的存储空间都相同，那么点名册可以视为一个二维数组，但实际上，学生姓名字节数可能各不相同。所以，需要考虑的问题有两个：

（1）如何使用不同长度的字符数组存储学生的姓名；

（2）如何将多个存储学生姓名且长度不同的字符数组联系起来，使之成为一个整体。

考虑到学生姓名逐条存储，类似于二维数组的存储形式，但二维数组中的每行和每列的字节数相同，若使用二维数组存储，必然会造成空间的浪费。那么该如何解决这个问题呢？在解决问题之前，我们先来学习一些新知识。

必备知识

1. 通过指针引用字符串

对于下面这条语句：

```
printf(" %s", "hello world! ");
```

相信大家都不陌生。此条语句的功能是格式化地将字符串"hello world!"直接输出，这是 C 语言中字符串最常见的使用方式。

字符串由若干个字符组成，字符型变量作为 C 语言中一种基础的变量类型，与其他变量一样，都会占用存储空间。我们已经知道指针的本质就是地址，既然字符串中的字符占用存储空间，那么显然它也可以通过指针进行操作。

在 C 语言中，字符串一般存放在字符数组中。对字符串进行操作有两种方式：

（1）使用数组名加下标的方式获取字符串中的某个字符；使用数组名与格式控制符 "%s" 输出整个字符串。具体示例如下：

```
char s[]="this is a string.";
printf("%c\n",s[3]);              //输出字符数组 s 下标为 3 的位置上存储的字符
printf("%s\n",s);                 //通过数组名或者字符串名输出
```

此段代码中的 printf() 对应的输出结果如下：

```
s
this is a string.
```

（2）声明一个字符型的指针，使该指针指向一个字符串常量，通过该指针引用字符串常量。具体示例如下：

```
char* s="hello world!";
printf("%c\n",s[3]);         //通过下标取值法获取字符串中的第 4 个字符并输出
printf("%c\n",*(s+1));       //通过指针取值法获取字符串中的第 2 个字符并输出
printf("%s\n",s);            //通过首指针获取字符串并输出
```

此段代码中的 printf() 语句对应的输出结果如下：

```
l
e
hello world
```

需要注意的是，在将指针指向字符串常量时，指针接收的是字符串中第一个字符的地址，而非整个字符串变量。另外虽然字符型的指针和字符数组名都能表示一个字符串，但是它们之间存在细微的差别：字符串的末尾会有一个隐式的结束标志 '\0'，而数组中不会存储这个结束标志，只会显式地存储字符串中的可见字符。

2. 指针数组

之前使用到的数组有整型数组、字符型数组和由其他基本数据类型的变量组成的数组。指针变量也是 C 语言中的一种变量，因此指针变量也可以构成数组。若一个数组中的所有元素都是指针类型，那么这个数组是指针数组，该数组中的每一个元素都存放一个地址。

定义一维指针数组的语法格式如下：

```
类型名* 数组名[数组长度];
```

根据上述语法格式，假设要定义一个包含 5 个整型指针的指针数组，其实现如下：

```
int* p[5];
```

此条语句定义了一个长度为 5 的指针数组 p，数组中元素的数据类型都是 int*。由于"[]"的优先级比"*"高，所以数组名 p 先和"[]"结合，表示这是一个长度为 5 的数组，再与"*"结合，表示该数组中元素的数据类型都是 int* 型，每个元素都指向一个整型变量。

指针数组是一个数组，那么指针数组的数组名是一个地址，它指向该数组中的第一个元素，也就是该数组中存储的第一个地址。指针数组名的实质就是一个指向数组的二级指针。一个单纯的地址没有意义，地址应作为变量的地址存在，所以指针数组中存储的指针应该指向实际的变量。假设现在使用一个字符型的指针数组 a，依次存储如下的多个字符串：

```
"this is a string"
"hello world"
"I love China"
```

则该指针数组的定义如下：

```
char* a[3]={ "this is a string", "hello world", "I love China"};
```

根据以上分析可知，数组名指向数组元素，数组元素指向变量，数组名是一个指向指针的指

针。数组名、数组元素与数组元素指针指向的数据之间的逻辑关系如图 6-14 所示。

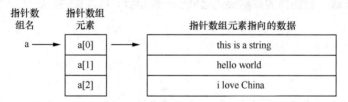

图6-14 指针数组逻辑示意图

图 6-14 中，指针数组名 a 代表的指针指向指针数组中第一个元素 a[0]所在的地址，a+1 即为第二个元素 a[1]所在的地址，以此类推，a+2 为第三个元素 a[3]所在地址。

3. 二级指针

一级指针是指向变量的指针，根据该指针找到的数据为普通变量；二级指针是指向指针的指针，根据该指针可找到指向变量的指针。根据二级指针中存放的数据，二级指针可分为指向指针变量的指针，和指向指针数组的指针。

（1）指向指针变量的指针

定义一个指向指针变量的指针，其格式如下：

```
变量类型 **变量名;
```

假设现有如下定义：

```
int a=10;                    //整型变量
int *p=&a;                   //一级指针 p，指向整型变量 a
int **q=p;                   //二级指针 q，指向一级指针 p
```

则指针 q 是一个二级指针，其中存储一级指针 p，也就是整型变量 a 的地址。逻辑关系如图 6-15 所示。

根据运算符的结合性可知，"*"运算符是从右向左结合，所以**p 相当于*(*P)，其中*p 相当于一个一级指针变量，若将定义中最左边的"*"运算符与变量类型结合，则以上语句可视为如下形式：

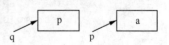

图6-15 指向指针变量的指针

```
int* (*q) = p;
```

此条语句中，*q 表示一个指针变量，而其变量类型 int*表示该变量指向的仍为一个 int*型的数据，所以这条语句定义了一个指向指针变量的指针。

（2）指向指针数组的指针

假设要定义一个指针 p，使其指向指针数组 a[]，则其定义语句如下：

```
char *a[3]={0};
char **p=a;
```

该语句中定义的 p 是指向指针型数据的指针变量，初始时指向指针数组 a 的首元素 a[0]，a[0]为一个指针型的元素，指向一个 char 型数组的首元素，而指针 p 初始时的值为该元素的地址。

当然若再次定义指向该指针的指针，会得到三级指针。指针本来就是 C 语言中较为难理解的部分，若能掌握指针的精髓，将其充分利用，自然能够提高程序的效率，大大地优化代码，但是指针功能太过强大，若是因指针使用引发错误，很难查找与补救，因此程序中使用较多的一般为一级指针，二级指针使用的频率要远远低于一级指针，再多重的指针使用的频率更是低，这里就不再讲解。

案例实现

1. 案例设计

点名册中的每个学生姓名都可定义为一个字符数组，为了能统一操作点名册中的学生姓名，应使用指针数组，使数组中的每个指针都指向一个学生姓名。同时可以定义一个二级指针，使该指针指向指针数组，使用二级指针读取点名册中的学生姓名。

2. 完整代码

```
1   #include <stdio.h>
2   #include <stdlib.h>
3   #include <string.h>
4   int main()
5   {
6       char buf[1024];                          //定义缓冲数组
7       char * strArray[1024];                   //定义指针数组
8       char ** pArray;                          //定义二级指针
9       int i, arrayLen = 0;
10      printf("请输入学生姓名，以文字"end"结束：\n");
11      while (1)
12      {
13          scanf("%s",buf);                     //将输入的学生姓名存入缓冲数组
14          if (strcmp(buf, "end") == 0)         //判断输入是否结束
15          {
16              printf("结束输入。\n");
17              break;
18          }
19          //为指针数组中的指针元素开辟空间（不可忘记'\0'）
20          strArray[arrayLen] = (char *)malloc(strlen(buf) + 1);
21          //将缓冲数组的字符串赋值到指针元素指向的空间中
22          strcpy(strArray[arrayLen], buf);
23          arrayLen++;
24      }
25      //为二级指针申请 len 个 char*型的存储单元
26      pArray = (char **)malloc(sizeof(char *)* arrayLen);
27      for (i = 0; i < arrayLen; i++)
28      {
29          //为二级指针指向的存储单元一一赋值，使其分别指向指针数组中存储的字符串
30          *(pArray + i) = strArray[i];
31      }
32      printf("您之前输入的文字：\n");
33      for (i = 0; i < arrayLen; i++)           //根据二级指针找到字符串并逐一输出
```

```
34        {
35            printf("%s\n",*(pArray + i));
36        }
37        //数组指针空间释放
38        for (i = 0; i < arrayLen; i++)
39        {
40            free(strArray[i]);
41        }
42        //释放二级指针
43        free(pArray);
44        return 0;
45 }
```

程序运行结果如图 6-16 所示。

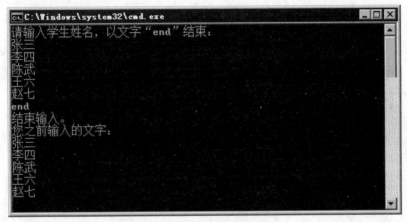

图6-16 【案例6】运行结果

3. 代码详解

此段代码中用到了两个字符串相关函数：strcmp()函数和 strcpy()函数，这两个函数包含在头文件 string.h 中，其中 strcmp()函数的功能是判断字符串是否相等，若相等则返回 0；strcpy()函数的功能是字符串拷贝，可以将参数列表中第二个字符串的值赋给第一个字符串。

第 6 行代码定义了一个字符数组 buf[]，用于接收从输入设备输入的字符串，第 13 行代码为接收语句，第 14~18 行代码判断输入是否结束；

第 7 行代码定义了一个字符型的数组指针 strArray[]，其中的指针元素用于指向从输入设备输入的多个字符串，从输入设备输入的字符串存储在字符数组中，为了有效保存每次的字符串，避免本次输入的字符串被之后输入的字符串覆盖，需要动态地为指针元素开辟存储空间，来存储字符串。第 20 行代码动态地申请存储空间，第 22 行代码将缓冲数组 buf[]中的字符串存储到申请的堆空间中；

以上的字符串获取、空间申请、字符串赋值都发生在第 11~24 行代码的 while 循环中，其间可多次获取字符串、多次开辟不同的堆空间，并为堆空间赋值；

第 26 行代码定义了一个二级指针，同时为该二级指针申请了大小为 sizeof(char*)*arrayLen

的存储空间，即申请了 arrayLen 个字符指针型的空间；第 27～31 行代码为二级指针中的 char*
空间——赋值，使其逐个指向字符数组中的字符串；

第 33～36 行代码根据二级指针找到字符串并逐一输出；

第 38～41 行代码为堆空间的释放。之前的案例中已经讲过，动态申请的空间需要手动释放。
分析之前代码可知，程序为指针数组中每个指针指向的字符串开辟了空间，也为二级指针开辟了
空间，这些空间都需要逐一释放。所以第 38～41 行代码使用一个 for 循环逐个释放指针元素指
向的空间，第 43 行代码释放二级指针指向的空间。

 多学一招：const 修饰符

在程序开发中，有时并不希望使用者修改程序中的某些数据，此时可以使用 const 修饰符
对该数据进行修饰，从而提高程序的安全性和可靠性。

const 通常与指针配合使用，根据 const 在语句中出现的位置，const 与指针配合有以下三种
用法：

1. 常量指针

在定义指针时，const 放在数据类型之前，则构成常量指针。常量指针的语法格式如下：

```
const 数据类型* 指针变量名;
```

该指针指向的数据是一个常量，该数据不能被修改。示例如下：

```
int num=10;
const int* p=&num;
```

在以上示例中，p 指向的 int 型变量 10 不能被修改，此时若对 num 重新赋值：

```
num=5;
```

则在调试时会出错，提示表达式中的 num 必须是可修改的左值。

2. 指针常量

若 const 放在指针名之前，则该指针与 const 组成一个指针常量，其语法格式如下：

```
数据类型* const 指针变量名;
```

指针常量是一个指针型的常量，表示该指针的指向不能被修改。假设有如下定义：

```
int a = 10;
int b = 5;
int* const p=&a;
```

若此时改变指针 p 的指向，对其进行如下操作：

```
p=&b;
```

则在调试时会出错，提示表达式中的 p 必须是可修改的左值。

3. 指向常量的常指针

若 const 既出现在数据类型之前，又出现在指针变量名之前，则此时为一个指向常量的常
指针，其语法格式如下：

```
const 数据类型* const 指针变量名;
```

此时不光指针指向的变量不能被修改，指针的指向同样不能被修改。

【案例 7】 综合案例——天生棋局

案例描述

中国传统文化源远流长，博大精深，包含着华夏先哲的无穷智慧，也是历朝历代炎黄子孙生活的缩影。围棋作为中华民族流传已久的一种策略性棋牌游戏，蕴含着丰富的汉民族文化内涵，是中国文明与中华文化的体现。本案例要求创建一个棋盘，在棋盘生成的同时初始化棋盘，根据初始化后棋盘中棋子的位置来判断此时的棋局是否是一局好棋。具体要求如下：

（1）棋盘的大小根据用户的指令确定；

（2）棋盘中棋子的数量也由用户设定；

（3）棋子的位置由随机数函数随机确定，若生成的棋盘中有两颗棋子落在同一行或同一列，则判定为"好棋"，否则判定为"不是好棋"。

案例分析

本案例需要根据用户输入的数据分别确定棋盘的大小和棋子的数量，所以棋盘的大小是不确定的。为了避免存储空间的浪费，防止因空间不足造成的数据丢失，本案例可动态地申请堆上的空间，来存储棋盘。

从棋盘的创建到释放，大致包含以下几个步骤。

（1）创建棋盘。棋盘的创建应包含空间的申请，用于存储棋盘中对应的信息。

（2）初始化棋盘。创建好的棋盘是一个空的棋盘，棋盘在显示之前应先被初始化。

（3）输出棋盘。创建并初始化的棋盘包含棋盘的逻辑信息，棋盘的输出应包含棋盘的格局。

（4）销毁棋盘。动态申请的空间需要被释放。

当然在创建棋盘之前，需要获取用户设置的棋盘信息，在初始化棋盘之时，也应根据用户设置的棋子数量来设置棋盘信息。

案例实现

1. 案例设计

根据案例分析中的棋局生成步骤设计程序，可将程序代码模块化为 4 个功能函数和 1 个主函数。

（1）创建棋盘

案例分析中已经提出，棋盘信息存放在动态生成的堆空间中。棋盘由 n×n 个表格组成，其形式类似于矩阵，所以本案例中设计使用二级指针指向棋盘地址。在该函数中应实现棋盘空间的动态申请，并返回一个指向棋盘的二级指针。

（2）初始化棋盘

图 6-17 由 9×9 个方格组成，它代表一个 10×10 的棋盘。棋子可以落于每个方格的四个顶点，该棋盘最多可容纳 100 个棋子。在创建棋盘时，实质上只开辟了存储空间，空间中尚未存放棋盘信息，所以

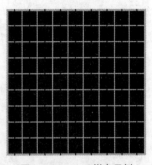

图6-17 10×10棋盘示例

在生成棋盘之前需要初始化棋盘信息。

棋盘信息的初始化可利用指针完成。当棋盘上棋子的数量确定后，在棋盘的范围内使用随机数函数随机确定每个棋子的位置。

（3）输出棋盘

根据由前两个函数确定的棋盘信息搭建棋盘，棋盘的外观可使用制表符搭建。若棋盘对应的位置上有棋子，则将制表符替换为表示棋子的符号。

（4）销毁棋盘

在创建棋盘时申请的堆空间，应在使用完毕之后手动释放。

（5）主函数

主函数中实现棋盘大小和棋子数量的设置，其中应定义一个二级指针，指向创建棋盘的函数返回的棋盘地址，随后依次调用初始化棋盘函数、输出棋盘函数和销毁棋盘的函数。

2. 完整代码

```
1   #include <stdio.h>
2   #include <stdlib.h>
3   #include <string.h>
4   #include <time.h>
5   int ** createBoard(int n)                //创建一个棋盘
6   {
7       int **p = (int**)calloc(sizeof(int*), n);
8       int i = 0;
9       for (i = 0; i<n; i++)
10      {
11          p[i] = calloc(sizeof(int), n);
12      }
13      return p;
14  }
15  //初始化棋盘
16  int initBoard(int **p, int n,int tmp)    //用随机数函数设置棋子位置
17  {
18      int i, j;
19      int t = tmp;
20      while (t>0)
21      {
22          i = rand() % n;
23          j = rand() % n;
24          if (p[i][j] == 1)                //坐标内已有棋子则再次循环
25              continue;
26          else
27          {
28              p[i][j] = 1;
29              t--;
30          }
31      }
32      return 0;
33  }
```

```
34  //输出棋盘
35  int printfBoard(int **p, int n)
36  {
37      int i, j;
38      for (i = 0; i<n; i++)                    //搭建棋盘
39      {
40          for (j = 0; j<n; j++)
41          {
42              if (p[i][j] == 1)                //输出棋子
43              {
44                  printf("●");
45              }
46              else                             //搭建棋盘
47              {
48                  if (i == 0 && j == 0)
49                      printf(" ┏");
50                  else if (i == 0 && j == n - 1)
51                      printf("┓ ");
52                  else if (i == n - 1 && j == 0)
53                      printf(" ┗");
54                  else if (i == n - 1 && j == n - 1)
55                      printf("┛ ");
56                  else if (j == 0)
57                      printf(" ┣");
58                  else if (i == n - 1)
59                      printf("┻");
60                  else if (j == n - 1)
61                      printf("┫ ");
62                  else if (i == 0)
63                      printf("┳");
64                  else
65                      printf("╋");
66              }
67          }
68          putchar('\n');
69      }
70      for (i = 0; i<n; i++)    //用行列两个循环判断是否行列上有两个相邻的棋子
71      {
72          for (j = 0; j<n; j++)
73          {
74              if (p[i][j] == 1)
75              {
76                  if (j>0 && p[i][j - 1] == 1)     //判断同一行有无相邻棋子
77                  {
78                      printf("好棋! \n");
79                      return 0;
80                  }
81                  if (i>0 && p[i - 1][j] == 1)     //判断同一列有无相邻棋子
82                  {
83                      printf("好棋\n");
```

```
84                      return 0;
85                   }
86                }
87             }
88          }
89      printf("不是好棋\n");
90      return 0;
91  }
92  //销毁棋盘
93  void freeBoard(int **p, int n)
94  {
95      int i;
96      for (i = 0; i<n; ++i)
97      {
98          free(p[i]);                    //释放一级指针指向的空间
99      }
100     free(p);                           //释放二级指针指向的空间
101 }
102 int main()
103 {
104     srand((unsigned int)time(NULL));
105     int n = 0, tmp = 0;
106     printf("设置棋盘大小:");
107     scanf("%d", &n);                   //输入棋盘行（列）值
108     int **p = createBoard(n);          //创建棋盘
109     printf("设置棋子数量 :");
110     scanf("%d", &tmp);                 //输入棋盘上的棋子数量
111     initBoard(p, n, tmp);              //初始化棋盘
112     printfBoard(p, n);                 //打印棋盘
113     freeBoard(p, n);                   //释放棋盘
114     return 0;
115 }
```

运行结果如图 6-18 与图 6-19 所示。

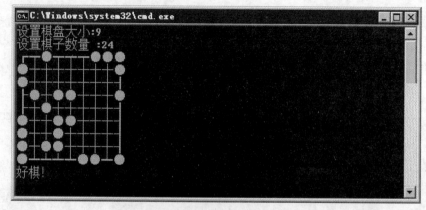

图6-18 【案例7】运行结果——好棋

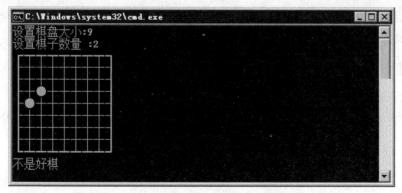

图6-19 【案例7】运行结果——不是好棋

3. 代码详解

本段代码分为 5 个函数，包括 1 个主函数和 4 个功能函数。主函数是程序的入口，功能函数分别实现这些功能：创建自定义大小的棋盘、初始化创建的棋盘、输出棋盘、销毁棋盘。程序开始运行之后，在主程序中依次调用功能函数，即可实现"天生棋局"。

第 102~115 行代码为主函数部分，主函数开始之后，首先调用 srand()函数设置随机数种子，使函数调用过程中的 rand()函数在每次被调用时可以生成不同的数值；其次调用 scanf()函数输入一个数据，并将该数据传入 createBoard()函数中，用于生成棋盘；然后再次输入一个数据，将该数据传入 initBoard()函数，初始化棋盘；之后将创建并初始化的棋盘使用 printfBoard()函数输出；最后使用 freeBoard()函数销毁棋盘。

第 5~14 行代码为 createBoard()函数，该函数接收一个用于控制棋盘大小的整型参数，并在函数体中使用该参数从堆上申请一组空间，将空间首地址存储在一个二级指针中；第 9~12 行代码使用一个 for 循环，为这一组堆空间逐一赋值，即赋予每个堆空间一个指向堆空间的地址；代码 14 行将二级指针地址返回。

第 16~33 行代码为 initBoard()函数，该函数接收一个二级指针、一个控制棋盘大小的整型变量 n、一个控制棋盘中棋子数量的整型变量 tmp；第 20~31 行代码使用 while 循环和 rand()函数，在棋盘中随机设置 tmp 个棋子，将棋盘初始化。

第 35~91 行代码为 printfBoard()函数，该函数的功能为打印棋盘、判断棋局情况，并输出判断结果，它接收一个二级指针和一个控制棋盘大小的整型变量 n，在函数体中使用双层 for 循环控制棋盘的打印，使用 if...else...语句控制棋盘的布局；之后再使用双层 for 循环遍历棋盘，判断棋局是否为好棋，并输出判断结果。

第 93~101 行代码为 freeBoard()函数，该函数接收一个二级指针和控制棋盘大小的整型数据，代码首先在 for 循环中，使用 free()函数逐个释放二维指针指向的一组一级指针指向的堆空间；其次使用 free()函数释放二级指针指向的一组存放一级指针的堆空间。

本章小结

指针是 C 语言最重要的组成部分，本章通过几个简单案例，讲解了指针、指针变量、函数指针、字符串指针、二级指针、指针数组、数组指针的定义与使用方法，并讲解了如何使用指针引用一维数组与二维数组，以及如何在堆上分配和回收内存。通过本章的学习，读者应能掌握多种指针的定义与使用方法，使用指针优化代码，提高代码的灵活性。

【思考题】

1. 请简述指针的概念和作用。
2. 请简述数组指针和指针数组的作用和区别。

7 Chapter

The C Programming Language

第 7 章
字符串

学习目标

- 理解字符串与字符数组的概念
- 掌握字符指针的使用方法，能用字符指针对字符串进行各种操作
- 掌握字符串函数的使用方法，能灵活运用这些函数操作字符串

日常生活中的信息都是通过文字来描述的，例如，发送电子邮件、在论坛上发表文章、记录学生信息等都需要用到文本。程序中也同样会用到文本，C 语言中文本信息都是通过字符串来实现的。本章将结合一些案例，针对字符串及字符串的相关函数进行详细的讲解。

【案例 1】 字符串替换

案例描述

字符串替换是处理字符串时最常见的操作之一，也是学习字符串必须掌握的基础知识。本案例要求通过编程实现字符串"Good morning!"到"Good evening!"的转换。

案例分析

我们需要从字符串中被替换的位置开始，将要替换的内容逐个复制到原字符串中，直到原字符串结束或者替换的字符串结束为止。

为了顺利完成案例，需要先学习字符数组、字符串、字符指针等基础知识。

必备知识

1．字符数组

本书第 5 章中，以整型数组为例讲解了数组的相关知识，在 C 语言中，字符数组也很常用。字符数组是存放字符数据的数组，其中每一个元素都是单个字符。

（1）字符数组的定义

字符数组定义的语法格式如下：

```
char 数组名[常量表达式];               //一维字符数组
char 数组名[常量表达式1][常量表达式2];   //二维字符数组
```

在上述语法格式中，分别列举了定义一维字符数组和二维字符数组的方法。以一维字符数组语法格式为例，其中的"char"表示字符数据类型，"数组名"表示数组的名称，它的命名遵循标识符的命名规范，"常量表达式"表示数组中存放元素的个数。

定义字符数组的示例代码如下：

```
char ch[6];
```

上述示例代码定义了一个一维字符数组，数组名为 ch，数组的长度为 6，可以存放六个字符。

（2）字符数组的初始化

在数组定义的同时也可以对数组中的元素进行赋值，这个过程称为数组的初始化。示例代码如下：

```
char c[5]={'h','e','l','l','o'};
```

上述示例代码的作用是定义并初始化一个一维字符数组，数组名为 c，数组包含 5 个字符类型的元素，该字符数组在内存中的状态如图 7-1 所示。

c[0]	c[1]	c[2]	c[3]	c[4]
h	e	l	l	o

图7-1　字符数组c的元素分配情况

脚下留心：字符数组初始化时注意事项

字符数组的初始化很简单，但是要注意以下几点。

① 元素个数不能多于字符数组的大小，否则编译器会报错。代码如下所示：

```
char str[2] = {'a','b','c'}; //错误写法
```

② 如果初始项值少于数组长度，则空余元素均会被赋值为空字符（'\0'）。

```
char str[5] = {'a','b','c'};  //后面剩余的两个元素均被赋值为'\0'
```

str 数组在内存中的表现如图 7-2 所示。

③ 如果没有指定数组大小，则编译器会根据初始项的个数为数组分配长度。

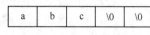

图7-2　str在内存中的表现

```
char str[] = {'a','b','c'};  //与 char str[3] = {'a','b','c'};相同
```

④ 也可以初始化二维数组。

```
char str[2][2] = {{'a','b'}, {'c','d'}};
```

2. 字符串概念

（1）字符串的概念

字符串是由数字、字母、下划线和空格等各种字符组成的一串字符，是个常量，由一对英文半角状态下的双引号（""）括起来。字符串在末尾都默认有一个'\0'作为结束符。

```
"abcde"
"          "
```

上面这两行都是字符串，只不过第二个字符串中的字符都是空格。

字符串在各种编程语言中都是非常重要的数据类型，但是在 C 语言中并没有提供"字符串"这个特定类型，通常用字符数组的形式来存储和处理字符串，这种字符数组必须以空字符'\0'（空字符）结尾。当把一个字符串存入一个字符数组时，也应把结束符'\0'存入数组，因此该字符数组的长度是字符串实际字符数加 1。

例如，字符串"abcde"，在数组中的存放形式如图 7-3 所示。

| a | b | c | d | e | \0 |

图7-3　"abcde"字符串在数组中的存储形式

（2）用字符串初始化字符数组

为了便于对字符数组进行初始化操作，可以直接使用一个字符串常量来为一个字符数组赋值，具体示例如下：

```
char char_array[6] = {"hello"};
char char_array[] = {"hello"};
```

在定义数组时，数组的大小可以省略，让编译器自动确定长度，因此，上述两种初始化字符串的方式是等同的。双引号之间的"hello"是一个字符串常量，字符数组 char_array[]指定的长度之所以为 6，是因为在字符串的末尾还有一个结束标志'\0'。它的作用等同于下列代码：

```
char char_array[6] = {'h','e','l','l','o','\0'};
```

（3）获取字符串长度

字符串用数组来存储，在本书第 2 章中曾学过用 sizeof 运算符来求各种数据类型的长度，

sizeof 运算符也可以用来求字符串的长度,例如 sizeof("abcde")。除了可以使用 sizeof 运算符外,还可以使用 strlen()函数来获取字符串长度,strlen()函数原型如下:

```
unsigned int strlen(char *s);
```

其中 s 是指向字符串的指针,返回值是字符串的长度。需要注意的是,使用 strlen()函数得到的字符串的长度并不包括末尾的空字符'\0'。

sizeof 运算符与 strlen()函数在求字符串时是有所不同的,我们来简单总结一下 strlen()函数与 sizeof 运算符的区别,具体如下:

① sizeof 是运算符;strlen()是 C 语言标准库函数,包含在 string.h 头文件中;

② sizeof 运算符功能是获得所建立对象的字节大小,计算类型所占内存;strlen()函数是获得字符串所占内存的有效字节数;

③ sizeof 运算符的参数可以是数组、指针、类型、对象和函数等;strlen()函数的参数必须是指向以'\0'结尾的字符串的指针;

④ sizeof 运算符计算大小在编译时就完成,因此不能用来计算动态分配内存的大小;strlen()函数结果要在运行时才能计算出来。

 多学一招:字符与字符串的转换

C 语言中的字符串实际上是字符数组,而字符是一种基本数据类型。在字符和字符串之间进行转换是很容易的。接下来,将 char a = 'A'转为字符串,具体步骤如下:

① 创建一个长度为 2 的字符数组:

```
char a_str[2];
```

② 将第一个元素设置为对应的字符,第二个元素设置为空字符。

```
a_str[0] = a;
a_str[1] = '\0';
```

同理,将字符串转为多个字符也很简单,具体示例如下:

```
char a_str[] = "AB";
char a = a_str[0];
char b = a_str[1];
```

在上述代码中,定义了一个字符数组 a_str[],该字符数组中保存的是字符串 "AB"。只要将字符串中的每个字符赋给字符变量 a 和 b,就可以完成字符串转为字符的操作。

3. 字符串与指针

在 C 语言中,字符型指针用 char*来定义,它不仅可以指向一个字符型常量,还可以指向一个字符串。为了描述字符串与指针之间的关系,先来看一段示例代码,具体如下:

```
char char_array[] = "hello";
char* chr = char_array;
```

上述代码定义了一个字符型指针 chr,该指针指向字符串"hello",字符指针 chr 和字符串"hello"的关系如图 7-4 所示。

从图 7-4 中可以看出,字符指针 chr 既指向了字符

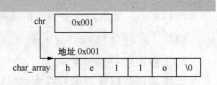

图7-4　指针chr指向字符串 "hello"

'h'，又指向了字符串"hello"。这是因为字符'h'位于字符串"hello"的起始处，因此，chr 也是指向字符'h'的字符指针。在输出这块内存中的数据时，根据不同的输出格式会输出不同的数据：如果以 "%c"输出，则只输出当前指针指向的字符；如果以 "%s"输出，则会输出后面连续的内存空间的数据，直到遇到'\0'停止。

4. 字符数组与字符指针

字符串用字符数组存储，也可以取数组地址赋值给字符型指针。字符数组与字符指针围绕字符串有着千丝万缕的联系，接下来总结一下两者的区别与联系：

（1）存储方式

字符数组在用字符串初始化时，这个字符串就存放在了字符数组开辟的内存空间中；而字符指针变量在用字符串常量初始化时，指针变量中存储的是字符串的首地址，但字符串存储在常量区。

上面的文字描述有些晦涩，下面通过一段示例代码来辅助理解，具体如下：

```c
char str[6] = "hello";
char* p = "hello";
```

上面两行代码中定义的变量在内存区的存储方式如图 7-5 所示。

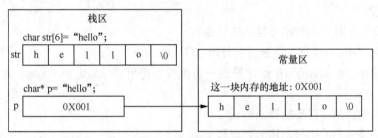

图7-5　字符数组与字符指针的字符串的存储方式

字符数组 str 在使用字符串常量"hello"初始化时，字符串存储在栈区，而指针变量 p 在使用字符串常量"hello"初始化时，栈区只存放了字符串的首地址，字符串存储在常量区。存储在栈区、堆区和静态区上的数据是可更改的，存储在常量区的数据只能在定义时赋值，且一旦赋值就不能再改变。

（2）初始化及赋值方式

① 初始化方式

可以对字符指针变量赋值，但不能对数组名赋值。示例代码如下：

```c
char *p = "hello";          //等价于 char*p; p = "hello";
char str[6] = "hello";      //char str[6]; str = "hello";这种写法错误
```

② 赋值方式

使用数组定义的字符串只能通过为数组中的元素逐一赋值或通过调用复制函数的方式来赋值，而使用指针定义的字符串还可以实现直接赋值。示例代码如下：

```c
char *p1 = "hello", *p2; p2 = p1;
char str1[6] = "hello", str2[6];
//str2 = str1;错误，数组赋值，数组章节讲解过，这里不再赘述
```

（3）字符指针与数组名

字符指针变量的值是可以改变的，而数组名是一个指针常量，其值不可以改变。代码示例

如下：

```
char* p = "chuan zhi bo ke, niu!";
p+=7;
```

对字符数组 char str[6] = "hello"来说，数组名是常量指针，不可以改变。

（4）字符串中字符的引用

可以用下标法和地址法引用数组元素，同样的，也可以用地址法、指针变量加下标法来引用字符串的字符元素。示例代码如下：

```
char* str[100] = "chuan zhi bo ke, niu!";
char ch1 = str[6];
char* p = "chuan zhi bo ke, niu!";
char ch2 = p[6];  //等价于 char ch2 = *(p+6);
```

关于字符串、字符数组、字符指针的区别与联系的诸多细节，需要读者在学习应用当中慢慢体会。

案例实现

1. 案例设计

（1）自定义一个具有字符串替换功能的函数；

（2）使用 for 循环从指定位置遍历字符串"Good morning"；

（3）用字符串"evening"中的字符逐一替换掉字符串"Good morning"中"morning"子串；

（4）主函数中调用字符串替换函数；

（5）最后将替换后的字符串输出到屏幕上。

2. 完整代码

```
1  #include <stdio.h>
2  char * MyReplace(char *s1,char *s2, int pos) //自定义的替换函数
3  {
4      int i, j;
5      i = 0;
6      for (j = pos; s1[j] != '\0';j++)        //从原字符串指定位置开始替换
7      {
8          if (s2[i]!='\0')                    //判断有没有遇到结束符
9          {
10             s1[j] = s2[i];                  //将替换内容逐个放到原字符串中
11             i++;
12         }
13         else
14             break;
15     }
16     return s1;
17 }
18 int main()
19 {
20     char str1[50] = "Good morning!";
```

```
21      char str2[50] = "evening";
22      int position;                              //定义整型变量储存要替换的位置
23      printf("Before the replacement:\n%s\n", str1); //替换前的字符串
24      printf("Please input the position you want to replace:\n");
25      scanf("%d",&position);                      //输入开始替换的位置
26      MyReplace(str1, str2, position);            //调用替换字符串的函数
27      printf("After the replacement:\n%s\n", str1); //替换后的字符串
28  }
```

运行结果如图 7-6 所示。

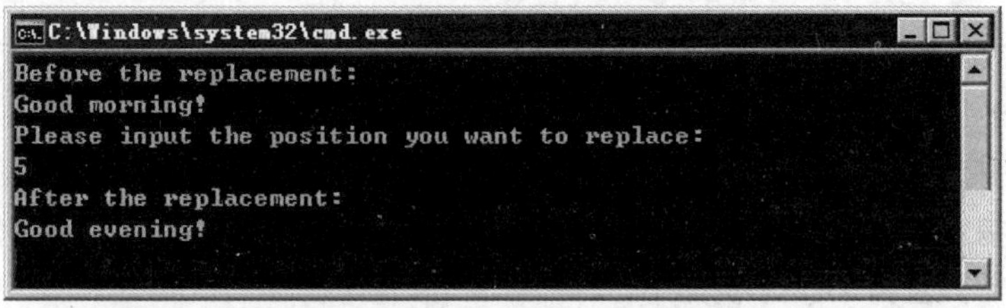

图7-6 【案例1】运行结果

第 2～17 行代码定义了替换函数 MyReplace()，在此函数中，用一个 for 循环，从 pos 位置开始遍历字符串"Good morning"，将"morning"子串用"evening"替换掉，其实就是为字符数组元素重新赋值。

【案例 2】 删除字符串中的子串

案例描述

从键盘输入一个字符串，输入要删除的字符串起始位置及长度，然后输出删除后的字符串。

案例分析

若要删除字符串中的子串，需要使用该子串后的字符从要删除的地方开始，逐一往前移动覆盖待删除字符。

我们之前学过 printf()函数和 scanf()函数，它们分别用于向控制台中输出内容和从控制台上接收用户的输入。C 语言还提供了针对字符串读取和输出的函数，即 puts()函数和 gets()函数。使用这两个专用函数能更顺利地完成此案例，接下来对其进行详细的讲解。

必备知识

1. gets()函数

gets()函数用于从控制台读入用户输入的字符串，其函数原型如下：

```
char* gets(char* str);
```

gets()函数接收一个字符指针作为参数，该指针应指向已经分配好空间的一个字符数组。当调用 gets()函数时，将读取到的字符串赋值给该字符数组。

当使用 gets()函数读入用户输入的字符串时，会读取换行符之前所有的字符（不包括换行符本身），并在字符串的末尾添加一个空字符'\0'用来标记字符串的结束，读取到的字符串会以指针形式返回。

2. puts()函数

puts()函数用于向控制台输出一整行字符串，其函数原型如下：

```
int puts(const char* str);
```

可以看出 puts()函数接收的参数是一个字符串指针，该指针指向要输出的字符串，并且会自动在字符串末尾追加换行符'\n'。如果调用成功则返回一个 int 类型的整数，否则返回 EOF。

案例实现

1. 案例设计

从指定位置开始，删除某个字符串中连续的 len 个字符，其原理为：使用待删除字符串之后的所有字符，从指定位置开始逐一替换字符串中的字符，当替换完成之后，将被替换的最后一个字符之后的存储单元置为'\0'。示例如下：

现在有一长度为 10 的字符串 str="abcdefghij"，要求从编号为 4 的字符开始，删除 4 个字符，则删除之后获得的新字符串应为"abcdij"，删除的过程如下。

（1）假设字符串中的每个字符占据一个存储单元，则原字符串在内存中如图 7-7 所示：

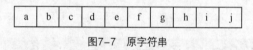

图7-7　原字符串

（2）编号为 4 的字符为'e'，则需要删除的子串为"efgh"，使用字符'h'之后的字符逐个替换字符'e'与其之后的元素，替换结果如图 7-8 所示：

图7-8　替换后的字符串

此时若将字符串输出，则结果为"abcdijghij"，而根据分析，删除后的字符串应为"abcdij"。这是因为在替换结束之后，未将被替换的最后一个字符之后的存储单元置为'\0'。'\0'表示字符串的结束，若不替换则会输出与原字符串长度相同的字符串。

（3）使用'\0'进行替换，替换后存储空间中的新字符串如图 7-9 所示：

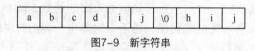

图7-9　新字符串

使用 printf()函数输出新字符串，则输出的字符串为"abcdij"。

2. 完整代码

```
1  #include <stdio.h>
2  char * del(char s[], int pos, int len)        //自定义一个删除字符串的函数
3  {
4      int i;
5      for (i = pos + len - 1; s[i] != '\0'; i++,pos++)
```

```
6          //i 的初值为指定删除部分后面的第一个字符
7              s[pos - 1] = s[i];
8          s[pos - 1] = '\0';
9          return s;
10 }
11 int main()
12 {
13     char str[50];                            //定义一个字符数组
14     int position;
15     int length;
16     printf("Please input the string:\n");
17     gets(str);                               //输入原字符串
18     printf("Please input the position you want to delete:\n");
19     scanf("%d", &position);                  //输入要删除的位置
20     printf("Please input the length you want to delete:\n");
21     scanf("%d", &length);                    //输入要删除的长度
22     del(str, position,length);               //调用自定义的删除函数
23     printf("After deleting:\n%s\n",str);     //输出新字符串
24     return 0;
25 }
```

运行结果如图 7-10 所示。

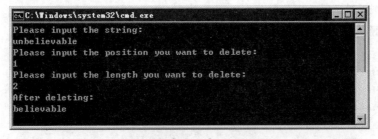

图7-10 【案例2】运行结果

 多学一招：printf()函数与 puts()函数的区别

与 puts()函数相比，printf()函数不会一次输出一整行字符串，而是根据格式化字符串输出一个个"单词"。由于进行了额外的数据格式化工作，printf()函数比 puts()函数效率稍低。然而 printf()函数可以直接输出各种不同类型的数据，因此 printf()函数比 puts()函数应用更为广泛。

【案例 3】 到底有多少单词

案例描述

要求编程求出一句话中到底有多少单词。首先在屏幕上输入一句话，每个单词之间用一个空格隔开，要求第一个字符和最后一个字符都不能为空格；然后统计出这句话的单词数量，并把结果输出到屏幕上。

案例分析

在程序中一句话可用一串字符表示，输入一串字符需要用到刚刚学过的 gets()函数；一句话中单词的数量可以根据获取的字符串中空格的数量确定。综上，本案例的代码应实现以下功能：

（1）使用字符数组变量接收 gets()函数获取的字符串；

（2）计算字符数组中的空格数量，推算出此句话中的单词数量；

（3）将统计结果输出。

案例实现

1. 案例设计

（1）首先使用 gets()函数将输入的字符串保存在 str 字符数组中；

（2）然后使用 if 语句判断用户输入的第一个字符是否为结束符：如果是，则要给出"这句话没有单词"的提示；如果不是，说明字符串正常，开始执行 else 语句里的代码；

（3）采用 for 循环遍历字符数组中的每个字符，如果遇到结束符，立即结束循环；如果没有遇到结束符，则判断字符是否为空格。如果是，把单词数量加 1；反之不做任何操作，继续循环，判断下一个字符；

（4）最后把总单词数输出到屏幕上。

2. 完整代码

```
1   #include <stdio.h>
2   int main()
3   {
4       char str[50];                    //定义保存字符串的数组
5       int i, count=1;                  //count 表示单词的个数
6       char blank;                      //表示空格
7       printf ("Please input a sentence:\n");
8       gets(str);                       //输入字符串
9       if(str[0]=='\0')                 //判断如果字符串为空的情况
10          printf("No words!\n");
11      else
12      {
13          for(i=0;str[i]!='\0';i++)    //循环判断每一个字符
14          {
15              blank=str[i];            //得到数组中的字符元素
16              if(blank==' ')           //判断是不是空格
17                  count++;             //如果是则加 1
18          }
19          printf("There are %d words in this sentence.\n",count);
20      }
21      return 0;
22  }
```

运行结果如图 7-11 和图 7-12 所示。

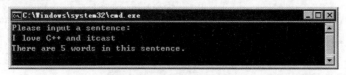

图7-11 【案例3】运行结果

图7-12 【案例3】运行结果

【案例4】 在指定位置插入字符

案例描述

案例要求输入一个字符串和一个要插入的字符，然后输入要插入的位置，在指定的位置插入指定的字符，并将新字符串输出到屏幕上。

案例分析

其实在程序中，经常需要对字符串进行操作，如字符串的比较、复制等。C 语言提供了许多操作字符串的函数，这些函数都位于 string.h 文件中。为了更好地解决各种字符串的相关问题，我们将分别在案例 4、案例 6 和案例 7 中讲解不同的字符串函数。

本案例中重点讲解字符串连接函数和字符串复制函数。

必备知识

1. 字符串连接函数

在程序开发中，可能需要对两个字符串进行连接，例如将电话号码和相应的区号进行连接。为此，C 语言提供了 strcat()函数和 strncat()函数来实现连接字符串的操作，这两个函数的相关讲解具体如下：

（1）strcat()函数

strcat()函数的用法很简单，它用来实现字符串的连接，即将一个字符串接到另一个字符串的后面。其函数原型如下所示：

```
chat* strcat(char* dest, const char* src);
```

表示将指针 src 指向的字符串接到指针 dest 指向的字符串之后。需要注意的是，在使用 strcat()函数之前，dest 对应的字符数组必须要有足够的空间来容纳连接之后的字符串，否则会发生缓冲区溢出的问题。

（2）strncat()函数

为了解决使用 strcat()函数实现字符串连接时出现的"缓冲区溢出"问题，C 语言提供了 strncat()函数。其函数原型如下：

```
char* strncat(char* dest, const char* src, size_t n);
```

strncat()函数除了接收两个字符指针 src 和 dest 之外，还接收第三个参数 n，该函数的功能是：获取 src 所指字符串中的前 n 个字符，添加到 dest 所指字符串的结尾，覆盖 dest 所指字符串结尾的'\0'，实现字符串拼接。

2. 字符串复制函数

在程序开发中，有时需要将一个字符串中指定部分字符复制到另一个字符串的指定位置。为此，C 语言提供了 strcpy()函数，该函数专门用于实现字符串的复制，其函数原型如下：

```
char* strcpy(char* dest, const char* src);
```

参数 dest 和 src 可以在字符串中的任意一个位置，字符串指针 src 所指向的字符串将被复制到 dest 所指向的字符串中。

为了让读者更好地理解 strcpy()函数的用法，接下来，使用 strcpy()函数将字符串 char b[] = "abcde"中的后两个字符复制到 char a[10] = "ABCDE"中，实现复制的代码如下：

```
strcpy(a, b + 3);
```

上述代码执行后，a 中字符串变为 "de"，其复制流程如图 7-13 所示。

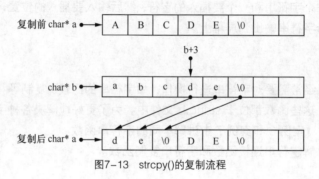

图7-13　strcpy()的复制流程

案例实现

1. 案例设计

（1）自定义一个插入函数，实现向字符串中指定位置插入一个字符的功能；

（2）在主函数中输入字符串、要插入的字符及位置，调用插入函数实现插入操作。

2. 完整代码

```
1   #include <stdio.h>
2   #include <string.h>
3   void insert(char s[], char t, int i)     //自定义一个插入函数
4   {
5       char str[100];                       //定义一个字符数组
6       strncpy(str, s, i);                  //将 s 数组中的前 i 个字符复制到 str 中
7       str[i] = t;                          //把 t 放到 str 后面
8       str[i + 1] = '\0';                   //用字符串结束符结束 str
9       strcat(str, (s + i));                //将 s 的剩余字符串连接到 str
10      strcpy(s, str);                      //将 str 复制到 s 中
11  }
```

```
12 int main()
13 {
14     char str[100], c;
15     int position;
16     printf("Please input str:\n");
17     gets(str);                        //使用 gets()函数获得一个字符串
18     printf("Please input a char:\n");
19     scanf("%c", &c);                  //获得一个字符
20     printf("Please input position:\n");
21     scanf("%d", &position);           //输入字符串插入的位置
22     insert(str, c, position);         //调用自定义的插入函数
23     puts(str);                        //输出最终得到的字符串
24     return 0;
25 }
```

运行结果如图 7-14 所示。

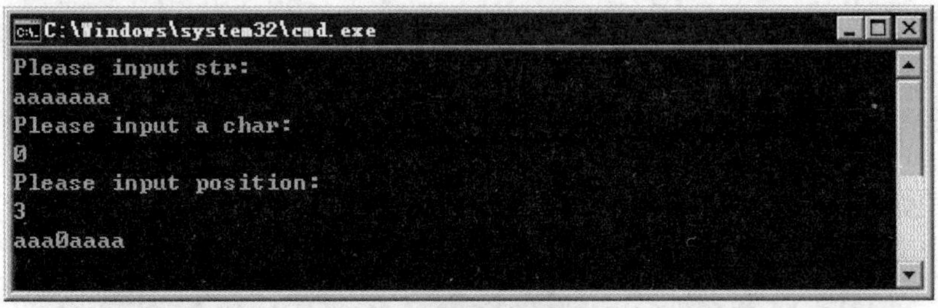

图7-14 【案例4】运行结果

【案例 5】 禁用 strcpy()

案例描述

禁用 strcpy()函数？是的，你没看错。你可能会问，刚刚才学会怎么使用，为什么要禁用呢？带着你的疑问来看案例要求吧：不使用 strcpy()函数，把字符串 1 中的内容复制到字符串 2 中，并输出字符串 2。

案例分析

虽然不能用 strcpy()函数，但是可以使用案例 2 中讲解的 gets()函数和 puts()函数，用它们实现字符的获取和输出，从而达到字符串复制的目的。此案例可综合强化数组和字符串的知识，一举两得，请务必认真思考，灵活运用知识。

案例实现

1. 案例设计

（1）声明两个字符数组 s1 和 s2；
（2）输入字符串 1 后，通过循环把字符逐个复制到字符串 2 中；

（3）在字符串 2 末尾添加字符串结束符，在输出时只输出结束符前面的字符；

（4）最后在屏幕上输出字符串 2。

2. 完整代码

```
1   #include <stdio.h>
2   int main()
3   {
4       char s1[50],s2[50];                    //声明字符数组
5       int i=0;
6       printf("Please input the string1:\n");
7       gets(s1);                              //获取字符串 1
8       while(s1[i]!='\0')
9       {
10          s2[i]=s1[i];                       //复制的过程
11          i++;
12      }
13      s2[i]='\0';                            //字符串结束符
14      printf("The string2 is:\n");
15      puts(s2);                              //输出字符串 2
16      return 0;
17  }
```

运行结果如图 7-15 所示。

图7-15 【案例5】运行结果

【案例 6】 那些字符串

案例描述

案例要求对 "c language"、"hello world"、"itcast"、"strcmp" 和 "just do it" 这五个字符串按照首字母大小进行由小到大的排序，并将结果输出到屏幕上。

案例分析

此案例用到三个知识点：

（1）用指针数组构造字符串数组，使用指针数组中的元素指向各个字符串；

（2）需要用字符串比较函数 strcmp() 来比较字符串数组中各元素的大小；

（3）之后使用选择排序法进行由小到大的排序。

关于指针的知识点在第 6 章已进行了详细讲解，所以接下来只为大家讲解 strcmp() 函数和选择排序法的实现步骤。

必备知识

1. 字符串比较函数

在程序中，经常需要对字符串进行比较，如判断用户输入的密码是否正确，为此 C 语言提供了 strcmp()函数和 strncmp()函数。关于这两个函数的相关讲解，具体如下。

（1）strcmp()函数

strcmp()函数的功能是比较两个字符串，其函数原型如下所示：

```
int strcmp(const char* str1, const char* str2);
```

其中参数 str1 和 str2 代表要进行比较的两个字符串。将两个字符串从首字母开始逐一进行比较，字符是按照 ACSII 码的值进行比较的，返回值为 str1-str2 的值。如果返回值大于 0，表示 str1 大于 str2；如果返回值小于 0，表示 str1 小于 str2；如果返回值等于 0，表示 str1 与 str2 相同。

（2）strncmp()函数

strncmp()函数的功能是比较两个字符串的前 n 个字符。其函数原型如下所示：

```
int strncmp(const char* str1, const char* str2, size_t n);
```

如果 str1 是 str2 的一个子串，则 str1<str2，此时返回值为负数；如果 str1>str2，返回值为正数；如果 str1=str2，返回值为零。

此函数与 strcmp()函数非常相似，不同之处是，strncmp()函数指定比较前 n 个字符，如果 str1 和 str2 的前 n 个字符相同，则函数返回值为 0。

2. 选择排序算法

选择排序是在每一趟排序过程中从待排序记录中选择出最大（小）的元素，将其依次放在数组的最前或最后端的排序方法。

选择排序的流程可用图 7-16 来表示。

图7-16 选择排序流程图

接下来结合流程图来分步骤讲解选择排序的过程，例如一个数组要从小到大排序：

（1）在数组中选择出最小的元素，将它与 0 角标元素交换，即放在开头第 1 位；

（2）除 0 角标元素外，在剩下的待排序元素中选择出最小的元素，将它与 1 角标元素交换，即放在第 2 位；

（3）以此类推，直到完成最后两个元素的排序交换，就完成了升序排序。

案例实现

1. 案例设计

（1）自定义一个选择排序法的函数；

（2）在主函数中定义一个指针数组用来构造一个字符串数组；

（3）调用排序函数完成从小到大的排序；

（4）将排序结果输出到屏幕上。

2. 完整代码

```
1   #include <stdio.h>
2   #include <string.h>
3   void sort(char *strings[], int n)                //自定义的对字符串排序的函数
4   {
5       char *temp;
6       int i, j;
7       //选择排序法
8       for (i = 0; i < n - 1; i++)
9       {
10          for (j = i + 1; j < n; j++)
11          {
12              if (strcmp(strings[i], strings[j]) > 0)   //根据大小交换位置
13              {
14                  temp = strings[i];
15                  strings[i] = strings[j];
16                  strings[j] = temp;
17              }
18          }
19      }
20  }
21  int main()
22  {
23      int n = 5;
24      int i;
25      char * strings[] =                  //用指针数组构造字符串数组
26      {
27          "c language",
28          "hello world",
29          "itcast",
30          "strcmp",
31          "just do it"
```

```
32        };
33        sort(strings, n);                    //调用排序函数
34        for (i = 0; i < n; i++)              //依次输出排序后的字符串
35            printf("%s\n", strings[i]);
36        return 0;
37 }
```

运行结果如图 7-17 所示。

图7-17 【案例6】运行结果

3. 代码详解

第 3 ~ 20 行代码实现了选择排序算法，其外层 for 循环控制待排序的元素个数，内层 for 循环选择出待排序元素中最小的元素。由于最后剩两个元素比较后就能完成排序，所以外层循环的长度为 n-1。

第 25 ~ 32 行代码是用指针数组构造字符串数组的具体代码，数组长度就是字符串的数量。

【案例 7】 你中有我

案例描述

"你中有我，我中有你"本指两个人亲密无间。如今也有这样两个字符串：字符串 1 和字符串 2，查找在字符串 1 中是否有字符串 2。根据查找结果在屏幕上输出提示信息，案例要求通过编程实现此查找过程。

案例分析

很显然这里需要用到字符串查找的知识，解决思路可分为三步：

（1）分别从键盘中输入字符串 1 和字符串 2；

（2）调用字符串查找函数来确定字符串 1 中是否包含字符串 2；

（3）最后将结果输出到屏幕上。

接下来请认真学习常用的字符串查找函数。

必备知识

字符串查找函数

在程序中，经常需要从字符串中查找指定信息，比如，统计一段文字中，某个词语出现的次数。C 语言提供了 strchr() 函数、strrchr() 函数和 strstr() 函数来实现对字符串的查找功能，接下来将针对这三个函数进行详细讲解。

（1）strchr()函数

strchr()函数用来查找指定字符在指定字符串中第一次出现的位置，其函数原型如下所示：

```
char* strchr(const char* str, char c);
```

其中参数 str 为被查找的字符串，c 是指定的字符。如果字符串 str 中包含字符 c，strchr()函数将返回一个字符指针，该指针指向字符 c 第一次出现的位置；否则返回空指针。

（2）strrchr()函数

strrchr()函数用来查找指定字符在指定的字符串中最后一次出现的位置，其函数原型如下所示：

```
char* strrchr(const char* str, char c);
```

其中参数 str 为被查找的字符串，c 是指定的字符。如果字符串 str 中包含字符 c，strrchr()函数将返回一个字符指针，该指针指向字符 c 最后一次出现的位置，否则返回空指针。

由于 strrchr()函数的用法与 strchr()函数非常相似，这里不再举例说明。

（3）strstr()函数

上面两个函数都只能搜索字符串中的单个字符，如果要在字符串中搜索是否包含一个子字符串时，可以使用 strstr()函数，其函数原型如下所示：

```
char *strstr(const char *haystack, const char *needle);
```

其中参数 haystack 是被查找的字符串，needle 是子字符串。如果在字符串 haystack 中找到了字符串 needle，则返回子字符串的指针，否则返回空指针。

案例实现

1. 案例设计

（1）根据提示分别输入字符串 1 和字符串 2；

（2）用 strstr()函数来判断字符串 1 中是否包含字符串 2；

（3）根据函数返回值在屏幕上输出最终结果。

2. 完整代码

```
1   #include <string.h>
2   #include <stdio.h>
3   int main()
4   {
5       char str1[30], str2[30], *p;
6       printf("Please input string1:");
7       gets(str1);                          //从键盘中输入字符串 1
8       printf("Please input string2:");
9       gets(str2);                          //从键盘中输入字符串 2
10      p = strstr(str1, str2);              //确定 str1 中是否包含 str2
11      if (p)
12          printf("There is a str2 in the str1.\n");
13      else
14          printf("Can't find the str2 in str1.\n");
15      return 0;
16  }
```

运行结果如图 7-18 所示。

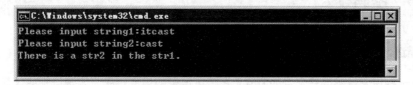

图7-18 【案例7】运行结果

 多学一招：字符串的其他常用函数

在编程时有时需要将字符串转换成整数，或将整数转换成字符串，如将字符串表示的 IP 地址等转换成十进制整数，就需要用到字符串与整数的转换函数。下面介绍两个字符串与整数的转换函数。

1. atoi()函数

atoi()函数用于将一个数字字符串转换为对应的十进制数，其函数原型如下所示：

```
int atoi(const char* str);
```

atoi()函数接收一个数字字符串作为参数，返回转换后的十进制整数。如果转换失败，则返回 0。需要注意的是，atoi()函数的声明位于 stdlib.h 文件中，因此需要使用 include 指令引用头文件 stdlib.h。

2. itoa()函数

VS 还提供了一个不在 C 语言标准中的 itoa()函数，用来将一个整数转换为不同进制下的字符串，其函数原型如下所示：

```
char* itoa(int val, char* dst, int radix);
```

第一个参数 val 表示的是待转换的数，第二个参数表示的是目标字符数组，第三个参数表示的是要转换的进制。

关于这两个函数的使用，读者可以自己练习，这里就不再举例。

3. sprintf()函数

字符串格式化命令，主要功能是把格式化的数据写入某个字符串中。sprintf()函数和 printf()函数都是变参函数。其函数原型如下所示：

```
int sprintf( char *buffer, const char *format, [ argument] … );
```

第一个参数表示目标字符数组，第二个参数表示格式化字符串，第三个参数表示需要转换的整数。

例如，把整数 100 打印成一个字符串，保存在 buf 中，代码如下：

```
char buf[10];
sprintf(buf, "%d", 100);
```

从上述代码可以看出，sprintf()函数与 printf()函数的使用方法类似，只不过 printf()函数的输出目标是屏幕，而 sprintf()函数将把字符串输出到指定的字符数组中。字符串处理函数还有很多，具体参见附录Ⅲ。

【案例 8】 密码疑云

案例描述

加密是一种用来保障信息安全的方式，它将可识别的信息转变为无法识别的信息。其应用十分广泛，在日常生活中随处可见。在加密时，通常会用到密码，此案例便是和密码密切相关的，要求设计一种算法，把电文明文加密之后变成密文，利用解密函数才能对密文解密，显示出明文内容。

案例分析

电文是一个字符串，加密的方法有很多种，此处采用的方法为：将电文中的每个字符加上一个偏移值 3。以字符串"itcast"为例，字符'i'对应的密文为'l'，'t'对应的密文为'w'。

本案例综合了之前学过的各章知识点，请灵活运用所学知识，认真完成。

案例实现

1. 案例设计

（1）先设计一个 while 循环，在 while 循环中实现程序的解密或加密；

（2）定义两个字符数组，用来保存明文和密文；

（3）第一次进入程序，默认使用加密功能，再之后根据文字提示可进行解密、加密或者退出程序的功能。

2. 完整代码

```
1   #include <stdio.h>
2   #include<string.h>
3   int main()
4   {
5       int flag = 1;
6       int i;
7       int count = 0;
8       char MingWen[128] = { '\0' };            //定义一个明文字符数组
9       char MiWen[128] = { '\0' };              //定义一个密文字符数组
10      while (1)
11      {
12          if (flag == 1)                       //如果是加密明文
13          {
14              printf("请输入要加密的明文：");
15              scanf("%s", &MingWen);           //获取输入的明文
16              count = strlen(MingWen);
17              for (i = 0; i < count; i++)      //遍历明文
18                  MiWen[i] = MingWen[i] + 3;   //设置加密字符
19              MiWen[i] = '\0';                 //设置字符串结束标记
20              /*输出密文信息*/
21              printf("加密后的密文：%s\n", MiWen);
```

```
22              }
23          else if (flag == 2)                        //如果是解密字符串
24          {
25              printf("请输入要解密的密文：");
26              scanf("%s", &MiWen);                    //获取输入的密文
27              count = strlen(MiWen);
28              for (i = 0; i < count; i++)             //遍历密文字符串
29                  MingWen[i] = MiWen[i] - 3;          //设置解密字符
30              MingWen[i] = '\0';                      //设置字符串结束标记
31              /*输出明文信息*/
32              printf("解密后的明文：%s\n", MingWen);
33          }
34          else if (flag == 3)                        //如果是退出程序
35              break;
36          else
37              printf("命令错误，请重新输入！\n");
38          printf("###############\n");
39          printf("# 1、加密明文  #\n");
40          printf("# 2、解密密文  #\n");
41          printf("# 3、退出程序  #\n");
42          printf("###############\n");
43          scanf("%d", &flag);                         //获取输入的命令字符
44      }
45      return 0;
46  }
```

运行结果如图 7-19 所示。

图7-19　【案例8】运行结果

【案例 9】　回文字符串

案例描述

回文字符串就是正读反读都一样的字符串，比如，"level"和"noon"都是回文字符串。案例要求从键盘中输入字符串，并判断此字符串是否为回文字符串。

案例分析

判断一个字符串是否为回文字符串时常用的方法有两种：

（1）使用以前学过的递归来解决问题；

（2）使用上一章刚学的指针来解决问题。

接下来分别讲解这两种方法。

案例实现方法一

通过观察可以知道，去掉回文字符串首尾的字符之后，剩下的字符串仍然是回文字符串，通过不断地去除首尾的字符，一层层检查，可以缩小问题的规模。

去掉字符串首尾字符后，会得到一个子串，此时产生的新问题是检查子串是否为回文字符串，慢慢我们发现可以用递归解决此问题。

1．案例设计

（1）当字符串长度为奇数时：对字符串检查到最后时，会剩下最中间一个字符，不会影响回文。此时，当检查到长度为 1 且所有子串首尾的两个字符串都相同的时候，即可说明此字符串是回文；

（2）当字符串长度为偶数时：字符串首尾字符两两比较检查到最后时，不会剩下字符。即检查到长度为 0 且所有子串首尾的两个字符都相同的时候，即可说明此字符串是回文；

（3）如果在检查过程中，发现子串首尾的两个字符不相同。则判断此字符串不是回文，直接返回 0，不需要继续检查。

2．完整代码

```
1  #include <stdio.h>
2  #include <string.h>
3  //用来判断是否为回文字符串的函数
4  int fun(int low, int high, char *str, int length)
5  {
6     if (length == 0 || length == 1)              //当字符串长度为1或0时，返回1
7        return 1;
8     if (str[low] != str[high])                   //当首尾字符不相同，直接返回0
9        return 0;
10    return fun(low+1, high-1, str, length-2);   //此处为递归调用
11 }
12 int main()
13 {
14    int length = 0;
15    char ch,str[50];
16    printf("Please input a string:\n");
17    while((ch = getchar())!='\n')                //如果输入'\n'则终止输入
18    {
19       str[length] = ch;
20       length++;                                 //字符串长度用length累加
21    }
22
```

```
23    if(fun(0, length-1, str, length) == 1)
24        printf("YES!\n");
25    else
26        printf("NO!\n");
27    return 0;
28 }
```

运行结果如图 7-20 所示。

图7-20 【案例9】运行结果——方法一

案例实现方法二

1. 案例设计

（1）用两个指针分别指向字符串开头和字符串末尾，判断两个指针所指向的字符是否相同；

（2）如果不相同则直接返回 0，表示此字符串不是回文字符串；如果相同，则把指向字符串开头的指针加 1，向后移动指针并指向后一个字符，同时把指向字符串末尾的指针减 1，向前移动指针并指向前一个字符，然后继续判断此时指针指向的两个字符是否相同，直到检查完字符串中所有字符为止；

（3）最后根据返回值判断字符串是否为回文字符串。

2. 完整代码

```
1  #include <stdio.h>
2  #include <string.h>
3  int fun(char *begin, char *end)
4  //begin 指向字符串开头的字符，end 指向字符串末尾的字符
5  {
6      if(begin == NULL || end == NULL || begin > end)
7      {
8          return 0;
9      }
10     while(begin < end)
11     {
12         if(*begin != *end)                        //判断 begin 和 end 指向的字符是否相同
13         {
14             return 0;
15         }
16         begin++;
17         end--;
18     }
19     return 1;
20 }
21
```

```
23 int main()
24 {
25    int length = 0;
26    char ch,str[50];
27    char *begin = NULL;
28    char *end = NULL;
29    printf("Please input a string:\n");
30    while((ch = getchar())!='\n')
31    {
32       str[length] = ch;
33       length++;
34    }
35    begin = str;                      //begin 指向字符串开头的字符
36    end = &str[length-1];             //end 指向字符串末尾的字符
37
38    if(fun(begin,end) == 1)           //如果返回值是 1 则输出 YES
39       printf("YES!\n");
40    else                              //否则输出 NO
41       printf("NO!\n");
42    return 0;
43 }
```

运行结果如图 7-21 所示。

图7-21 【案例9】运行结果——方法二

本章小结

　　本章结合案例讲解了 C 语言中字符串的定义、输入和输出，以及操作字符串的相关函数。字符串的各种操作在实际开发中应用广泛，通过本章的学习，读者应能够熟练掌握字符串的相关知识，并灵活运用到实际问题中。

【思考题】

　　1.　请简述在使用 puts()和 strcat()函数时需要注意哪些问题。

　　2.　请叙述一下，你都掌握了哪些字符串操作函数。

Chapter
8

第 8 章
编译和预处理

学习目标
- 掌握无参数宏定义和带参数宏定义的使用方法
- 学会使用文件包含
- 熟悉条件编译指令的使用方法

The C Programming Language

若要写出高质量的 C 语言代码，除了掌握必要的语法机制外，也要学好编译与预处理命令。预处理命令的作用不是实现程序的功能，而是给 C 语言编译系统提供信息，通知 C 编译器在对源程序进行编译之前应该做哪些预处理工作。预处理是指在进行编译之前所作的处理，由预处理程序负责完成。接下来还要经过编译、链接，才能变成可执行程序。本章节将结合案例对编译和预处理的相关知识进行详细讲解。

【案例1】 最简单的预处理

案例描述

本案例要求通过编程求出矩形的面积。大家可能疑惑，经历了前面编程的"风风雨雨"，为什么要在这里安排如此简单的案例？这是为了引入"预处理"这个概念。本案例要求将矩形的长和宽设置为宏，然后再求出矩形的面积。当然这是最简单的预处理。

案例分析

宏定义是预处理最常用的功能之一，它用于将一个标识符定义为一个字符串，这样，在源程序被编译器处理之前，预处理器会将标识符替换成所定义的字符串。根据是否带参数，可以将宏定义分为无参数宏定义和带参数宏定义。本案例要学习的是不带参数的宏定义。

必备知识

不带参数的宏定义

在程序中，经常会定义一些常量，例如，3.14、"ABC"。如果这些常量在程序中被频繁使用，难免会出现书写错误的情况。为了避免程序书写错误，可以使用不带参数的宏定义来定义这些常量，其语法格式如下所示：

```
#define 标识符字符串
```

在上述语法格式中，"#define"用于标识一个宏定义，"标识符"指的是所定义的宏名，"字符串"指的是宏体，它可以是常量、表达式等。一般情况下，宏定义需要放在源程序的开头，函数定义之外，它的有效范围是从宏定义语句开始至源文件结束。一般宏名都是大写字母，以便与其他的操作符区别。

下面看一个宏定义的实例，代码如下：

```
#define PI 3.141592
```

上述宏定义的作用就是使用标识符 PI 来代表值 3.141592。如此一来，凡是在随后源代码中出现 PI 的地方都会被替换为 3.141592。

案例实现

1．案例设计

（1）使用不带参数的宏定义分别表示矩形的长和宽；

（2）计算矩形的面积并输出到屏幕上。

2. 完整代码

```
1  #include <stdio.h>
2  #define L 4                      //定义长为 4
3  #define W 3                      //定义宽为 3
4  int main()
5  {
6      int area;
7      area = L * W;
8      printf("area = %d\n",area); //输出面积大小
9      return 0;
10 }
```

运行结果如图 8-1 所示。

图8-1　运行结果

 多学一招：#undef 指令取消宏定义

与#define 相对，还有#undef 指令。#undef 指令用于取消宏定义，当使用#define 定义了一个宏之后，如果预处理器在接下来的源代码中看到了#undef 指令，那么#undef 后面这个宏将会失效，如下面的代码所示。

```
#include <stdio.h>
#define PI 3.14
int main()
{
    printf("%f\n", PI);
#undef PI
    printf("%f\n", PI);
    return 0;
}
```

运行这段程序，会报图 8-2 所示的错误。

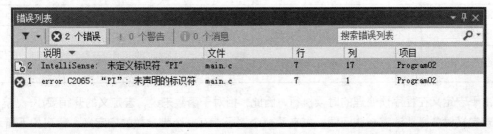

图8-2　程序错误

从图 8-2 中可以看出，程序报出"未声明的标识符"的错误。这是因为用#undef 指令取消PI 这个宏，PI 这个宏定义就不存在了，后面的代码再引用，必然会报错。

【案例 2】 第二简单的预处理

案例描述

在之前的章节中，我们已经学过简单的数据交换，想必大家对基础数据的交换方法早已了如指掌。本案例要求使用宏定义，依次交换两个一维数组中的元素。

案例分析

本案例要实现两个一维数组中元素的依次交换，整个交换过程包含多次数组元素的交换。结合之前学习的知识，可以使用函数实现简单的数据交换功能，在使用循环遍历数组的同时，调用交换函数，实现数组元素的交换。本案例要求使用宏定义实现此功能，案例 1 "最简单的预处理"中学习的不带参宏定义无法实现该功能，因为数组遍历的过程中，数据在不断改变，而不带参宏定义中只能定义固定的内容。这里可以使用第二简单的预处理方法——带参宏定义来完成本案例。

下面请先学习其使用方法。

必备知识

带参数的宏定义

带参数的宏定义，其语法格式如下所示：

```
#define 标识符(形参表) 字符串
```

上述语法格式和不带参数的宏定义有些类似，不同的是多了一个括号，括号中的"形参表"由一个或多个形参组成，当多于一个形参时，形参之间要用逗号进行分隔。对于带参数的宏定义来说，同样需要使用字符串替换宏名，使用实参替换形参。

通过学习带参数的宏定义可以发现，带参宏定义和带参函数有时可以实现同样的功能，但两者却有着本质上的不同，具体如表 8-1 所示。

表 8-1　带参数的宏定义与带参数的函数

基本操作	带参数的宏定义	带参数的函数
处理时间	预处理	程序运行时
参数类型	无	需定义参数类型
参数传递	不分配内存，无值传递的问题	分配内存，将实参值代入形参
运行速度	快	相对较慢，因为函数的调用会涉及到参数的传递、压栈、出栈等操作

由于宏定义在程序预处理的时候执行，因此，相对于函数来说，宏定义的开销要小一些。在使用宏定义时务必要注意一些问题，先来看一个例子，有一个带参数的宏定义，代码如下所示：

```
#define ABS(x) ((x) >= 0 ? (x) : -(x))
```

这是一个求绝对值的带参宏定义，调用这个宏定义，代码如下所示：

```
double x = 12;
ABS(++x);
```

此次调用的结果是 14，显然不正确。这是因为在预处理时，表达式"ABS(++x)"会被替换成"((++x) >= 0 ? (++x) : (-(++x)))"，因此结果是 14。

这就是读者在学习带参宏定义时要注意的问题，宏定义中的参数替换是"整体"替换，如用"++x"替换"x"，而不像函数中只是参数之间的值传递。

案例实现

1. 案例设计

（1）定义带参数的宏定义；

（2）定义两个数组，给它们的元素赋值；

（3）利用带参宏定义，交换数组元素的值并打印到屏幕上。

2. 完整代码

```
1  #include <stdio.h>
2  #define SWAP(a,b) {int temp; temp=a;a=b;b=temp;}    //定义带参数的宏定义
3  int main()
4  {
5      inti,j;
6      int a[5] = {3,4,5,6,7};          //定义数组 a 并对其初始化
7      int b[5] = {5,6,7,8,9};          //定义数组 b 并对其初始化
8      for(i=0;i<5;i++)
9        SWAP(a[i],b[i]);              //依次交换两个数组的元素
10     printf("After swaping:\n");
11     for(i=0;i<5;i++)
12         printf("%d ",a[i]);         //输出交换后 a 数组的元素
13     printf("\n");
14     for(i=0;i<5;i++)
15         printf("%d ",b[i]);         //输出交换后 b 数组的元素
16     printf("\n");
17     return 0;
18 }
```

运行结果如图 8-3 所示。

图8-3 【案例2】运行结果

💣 脚下留心：宏定义中参数的替换

（1）若宏定义中的字符串出现运算符，需要在合适的位置加上括号，如果不添加括号可能会出现错误，例如：

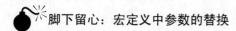

如果有一个语句 a=S*c，宏定义替换后的语句是 a=3+4*c，这样显然不符合需求。

（2）宏定义的末尾不用加分号，如果加了分号，将被视为被替换的字符串的一部分。宏定义只是简单的字符串替换，并不进行语法检查，因此，宏替换的错误要等到系统编译时才能被发现。例如：

```
#define Max=20;
      ......
if (result==Max)
    printf("equal");
```

经过宏定义替换后，其中的if语句将变为：

```
if (result==20;)
```

显然上述语句存在语法错误。

（3）宏定义允许嵌套，在宏定义的字符串中可以使用已经定义的宏名。在替换时由预处理程序嵌套替换，如：

```
#definePI3.141592
#define P PI*x
printf("%f", P);
```

宏替换后的语句为：

```
printf("%f", 3.141592*x);
```

宏定义不支持递归，因此下面的宏定义是错误的：

```
#define Max Max+5;
```

【案例 3】 文件包含

案例描述

在程序设计时需要很多输出格式，如整型、实型和字符型等等，在编写程序时会经常使用这些输出格式，如果多次书写这些格式会很繁琐，要求设计一个头文件，将经常使用的输出模式都写进头文件中，方便编写代码。

案例分析

除宏定义外，文件包含也是一种预处理语句，它的作用就是将一个源程序文件包含到另外一个源程序文件中。本案例适合采用这种预处理语句，请认真学习相关必备知识。

必备知识

文件包含命令的形式

同引入头文件一样，文件包含也是使用#include 指令实现的，它的语法格式有两种，具体如下。

格式一：

```
#include <文件名>
```

格式二：

```
#include "文件名"
```

上述两种格式都可以实现文件包含，不同的是，格式一是标准格式，当使用这种格式时，C 编译系统将在系统指定的路径下搜索尖括号（<>）中的文件；当使用第二种格式时，系统首先会在用户当前工作的目录中搜索双引号（""）中的文件，如果找不到，再按系统指定的路径进行搜索。

案例实现

1. 案例设计

（1）将整型数据的输出写入到头文件中；

（2）调用头文件输出整型数据。

2. 完整代码

foo.h 代码如下：

```
#define INT(a) printf("%d\n",a)
```

main.c 代码如下：

```
1   #include <stdio.h>
2   #include "foo.h"                      //引入头文件 foo.h
3   int main()
4   {
5       int a;
6       printf("Please input an integer:\n");
7       scanf("%d",&a);
8       INT(a);                          //替换成 foo.h 文件中定义的那句代码
9       return 0;
10  }
```

运行结果如图 8-4 所示。

图8-4 【案例3】运行结果

【案例4】 32 还是 64?

案例描述

此处的 "32" 和 "64" 指的是系统架构。案例要求使用条件编译，根据条件输出对应的判定结果：如果系统是 32 位的，就输出 "系统是 32 位的"；如果系统是 64 位的，就输出 "系统是 64 位的"。

案例分析

上文提到的"条件编译"也是预处理的一种方式。

一般情况下，C 语言程序中的所有代码都要参与编译，但有时出于程序代码优化的考虑，希望源代码中一部分内容只在指定条件下进行编译。这种根据指定条件，只对程序一部分内容编译的情况，称为条件编译。在 C 语言中条件编译指令的形式有很多种，接下来将详细讲解一种最常见的条件编译指令：#if/#else/#endif，该指令根据常数表达式来决定某段代码是否执行。

必备知识

#if/#else/#endif 指令

通常情况下，#if 指令、#else 指令和#endif 指令是结合在一起使用的，其语法格式如下所示：

```
#if 判断表达式
    程序段 1
#else
    程序段 2
#endif
```

在上述语法格式中，编译器只会编译程序段 1 和程序段 2 中的一段。当条件为真时，编译器会编译程序段 1，否则编译程序段 2。

案例实现

1. 案例设计

（1）定义两个宏，分别表示 Windows32 位和 64 位平台；

（2）定义宏 SYSTEM 表示其中某个平台；

（3）使用条件编译指令判断 SYSTEM 值，并输出结果到屏幕上。

2. 完整代码

```
1   #include <stdio.h>
2   #define Win32 0
3   #define x64 1
4   #define SYSTEM Win32          //定义宏 SYSTEM 是 32 位的
5   int main()
6   {
7   #if SYSTEM == Win32            //所以此处条件成立
8       printf("Win32\n");
9   #else
10      printf("x64");
11  #endif
12      return 0;
13  }
```

运行结果如图 8-5 所示。

图8-5　【案例4】运行结果

【案例 5】　神奇的#include<stdio.h>

案例描述

学过文件包含之后，不免有同学提出这样的问题：在同一文件中写两遍"#include <stdio.h>"，编译器进行编译时为什么没有报错呢？按常理而言，文件"stdio.h"中的函数和数据类型等必然被定义了两次，此时编译器应该报出"重定义"的错误，但实际上编译十分顺利，是不是很神奇？

案例分析

在上一个案例中我们提到"C 语言中条件编译指令的形式有很多种"，如果现在的你百思不得其解，那是因为你没有学过另一种条件编译指令：#ifdef 和#ifndef。下面来讲解这条编译指令的神奇之处。

必备知识

1. #ifdef 指令

如果想判断某个宏是否被定义，可以使用#ifdef 指令，通常情况下，该指令需要和#endif 一起使用，#ifdef 指令的语法格式如下所示：

```
#ifdef 宏名
    程序段 1
#else
    程序段 2
#endif
```

在上述语法格式中，#ifdef 指令用于控制单独的一段源码是否需要编译，它的功能类似于一个单独的#if/#endif。

2. #ifndef 指令

和#ifdef 相反，#ifndef 用来确定某一个宏是否没有被定义，如果宏没有被定义，那么就编译#ifndef 到#endif 中间的内容，否则就跳过。其语法格式如下所示：

```
#ifndef 宏名
    程序段 1
#else
    程序段 2
#endif
```

案例实现

如果我们打开"stdio.h"这个文件，便会发现其开头是这样的两行代码：

```
#ifndef _STDIO_H_
#define _STDIO_H_
```

在其结尾有这样一行代码：

```
#endif /* _STDIO_H_ */
```

这三行代码是三条预处理命令，它们便是写两遍"#include <stdio.h>"也不会报错的原因。当然，写更多遍也不会报错。通过刚刚的学习，我们知道这三行代码的含义是：如果"_STDIO_H_"没有被定义过，那么就定义"_STDIO_H_"。仔细观察后我们会发现"#define_STDIO_H_"的后面什么都没写，其实这也是宏定义的一种写法——并不关注"_STDIO_H_"被定义成了什么，只关注它是否被定义过。

综上分析可知，初次遇到"_STDIO_H_"的时候，由于宏"_STDIO_H_"尚未定义，因此，#ifndef 条件成立，定义"_STDIO_H_"。当再次遇到"_STDIO _H_"的时候，#ifndef 的条件不成立，因此它与"#endif"之间的内容就不会被编译了。

 多学一招：预定义宏

学习了宏定义，下面来看下<stdio.h>头文件中的五个预定义宏，利用这些宏可以轻松得知程序运行到了何处，有助于编程人员进行程序调试。具体如表 8-2 所示。

表 8-2　预定义宏

预定义宏	说明
__DATE__	定义源文件编译日期的宏
__FILE__	定义源代码文件名的宏
__LINE__	定义源代码中行号的宏
__TIME__	定义源文件编译时间的宏
__FUNCTION__	定义当前所在函数名的宏

本章小结

本章主要讲解了预处理的三种方式，分别是宏定义、文件包含和条件编译。其中，宏定义是最常用的一种预处理方式；文件包含对于程序功能的扩充很有帮助；条件编译可以优化程序代码。熟练掌握这三种预处理方式，将对以后的程序设计大有帮助。

【思考题】

1. 请思考 C 语言中的常用的预处理指令有哪几种，各自具有什么特点。
2. 请思考条件编译的格式有几种，各自有什么特点。

9 Chapter

The C Programming Language

第 9 章
结构体和共用体

学习目标

- 掌握结构体类型变量的定义及初始化
- 掌握结构体变量的引用
- 掌握结构体与数组、指针和函数等结合使用
- 掌握共用体变量的定义与引用
- 理解结构体与共用体的内存分配机制
- 了解链表的定义、原理和基本操作

前面章节所学的数据类型都是分散的、互相独立的，例如定义一个整型变量 a 和一个字符型变量 b，这两个变量是毫无内在联系的，但在实际生活和工作中，经常需要处理一些关系密切的数据，例如，描述公司一个员工的姓名、部门、职位、电话、E-mail 地址等，由于这些数据的类型各不相同，要想对这些数据进行统一管理，仅靠前面所学的基本类型和数组都很难实现。为此，C 语言提供了另外两种构造类型，分别是结构体和共用体，本章将结合案例围绕这两种构造类型进行详细的讲解。另外，在最后对结构体的典型应用——链表进行了简单的介绍。

【案例 1】 学生信息存取

案例描述

案例要求输入一名学生的学号、姓名、年龄和身高等信息，然后再把所有输入的信息一一输出到屏幕上。此案例难度并不大，但和之前不同的是，这里要求使用结构体的相关知识解决此问题，接下来请认真阅读案例分析。

案例分析

学生信息包括学号、姓名、年龄和身高等，处理这些信息时，它们属于同一个处理对象，却又具有不同的数据类型，比如学号是整型，姓名是字符串。每当增加、删除或者查询学生信息的时候，需要处理这个学生的所有数据，因此，有必要把学生的这些数据定义成一个整体。

虽然数组也能处理一组相关的数据，但是数组中元素的数据类型必须是相同的，对于刚刚这一组不同数据类型的数据，C 语言中给出了另一种构造数据类型——结构体。它与数组最大的区别就在于数组中所有元素的数据类型都必须相同，而结构体中的各成员类型可以不同。

为了更好地完成此案例，请认真学习结构体的相关知识。

必备知识

1. 结构体类型和结构体变量

（1）结构体类型定义

结构体是一种构造数据类型，可以把不同类型的数据整合在一起，每一个数据都称为该结构体类型的成员。使用结构体类型时，首先要对结构体类型进行定义，结构体类型的定义方式如下所示：

```
struct 结构体类型名称
{
    数据类型成员名1;
    数据类型成员名2;
    ……
    数据类型成员名n;
};
```

"struct"是定义结构体类型的关键字，其后是所定义的"结构体类型名称"，在"结构体类型名称"下的大括号中，定义了结构体类型的成员项，每个成员由"数据类型"和"成员名"共同组成。

例如，一组由学号（num）、姓名（name）、性别（sex）、年龄（age）、地址（address）
等组成的学生信息，可以使用下列语句定义：

```
struct Student
{
    int num;
    char name[10];
    char sex;
    int age;
    char address[30];
};
```

在上述结构体类型的定义中，定义了一个名为 Student 的结构体，Student 由 5 个成员组成，
分别是 num、name、sex、age 和 address。

值得一提的是，结构体类型中的成员，也可以是一个结构体变量，例如，在学生信息中增加
一项出生日期的信息，具体代码如下：

```
struct Date
{
    int year;
    int month;
    int day;
};
struct Student
{
    int num;
    char name[10];
    char sex;
    struct Date birthday;
} stu1;
```

在上述代码中，我们首先定义了结构体类型 Date，该结构体类型由 year、month、day 三
个成员组成；然后定义了结构体变量 stu1，其中的成员 birthday 是 Date 结构体类型。Student
的类型结构如图 9-1 所示。

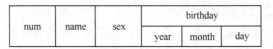

图9-1 结构体类型Student的类型结构

注 意

1. 结构体类型定义以关键字 struct 开头，后面跟的是结构体类型的名称，该名称的命名规则与变量
名的命名规则相同。

2. 定义好一个结构体类型后，并不意味着立即分配一块内存单元来存放各个数据成员，它只是告
诉编译器，该结构体类型由哪些数据类型的成员构成，各占多少个字节，按什么格式存储，并把它们
当作一个整体来处理。

3. 结构体类型定义末尾括号后的分号不可缺少。

4. 结构体类型的成员可以是一个结构体变量，但不能是自身结构体类型的变量。

（2）结构体变量的定义

刚刚只是定义了结构体类型，它仅相当于一个模型，其中并无具体数据，系统也不会为它分配内存空间。为了能在程序中使用结构体类型的数据，应该定义结构体类型的变量，并在其中存放具体的数据。下列是定义结构体变量的三种方式。

① 先定义结构体类型，再定义结构体变量

关键字和结构体类型名共同构成了结构体数据类型，定义好结构体类型后，就可以定义结构体变量了，定义结构体变量的语法格式如下所示：

```
struct 结构体类型名结构体变量名;
```

例如：

```
struct student stu1, stu2;
```

上述示例定义了结构体类型变量 stu1 和 stu2，它们各自可以存储一组基本类型的变量，且分别占据一块连续的内存空间。

② 在定义结构体类型的同时，定义结构体变量

该方式的作用与第一种方式相同，其语法格式如下所示：

```
struct 结构体类型名称
{
    数据类型成员名1;
    数据类型成员名2;
    ......
    数据类型成员名n;
} 结构体变量名列表;
```

例如：

```
struct student
{
    int num;
    char name[10];
    char sex;
} stu1, stu2;
```

上述代码在定义结构体类型 student 的同时，也定义了结构体类型变量 stu1 和 stu2。其中变量 stu1 和 stu2 中包含的成员的数据类型都是一样的。

③ 直接定义结构体变量

除了上述两种方式外，我们还可以直接定义结构体变量，其语法格式如下所示：

```
struct
{
    数据类型成员名1;
    数据类型成员名2;
    ...
    数据类型成员名n;
} 结构体变量名列表;
```

例如：

```
struct
{
    int num;
    char name[10];
    char sex;
} stu1, stu2;
```

上述代码同样定义了结构体变量 stu1 和 stu2，但采用这种方式定义的结构体没有类型名称，我们称之为匿名结构体。

 注 意

> 结构体类型是用户自定义的一种数据类型，它同前面所介绍的简单数据类型一样，在编译时对结构体类型不分配空间。只有用它来定义某个变量时，才会为该结构体变量分配结构体类型所需大小的内存单元。

（3）结构体变量的内存分配

结构体变量一旦被定义，系统就会为其分配内存。结构体变量占据的内存大小是按照字节对齐的机制来分配的。字节对齐就是字节按照一定规则在空间上排列。通常情况下，字节对齐遵循两个原则，具体如下。

① 结构体的每个成员变量相对于结构体首地址的偏移量，是该成员变量的基本数据类型（不包括结构体、数组等）大小的整数倍；如果不够，编译器会在成员之间加上填充字节。

例如，有一个结构体定义如下所示：

```
struct
{
    char a;
    double b;
    int c;
    short d;
}S;
```

则结构体变量 S 中各成员在内存中所占内存如图 9-2 所示。

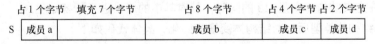

图9-2　结构体变量中各成员所占内存图

接下来结合图 9-2 讲解结构体变量 S 中各成员在内存中的分布情况。

● 成员变量 a 的地址也是结构体变量 S 的首地址，a 占一个字节；

● 成员变量 b 相对首地址的偏移量是 8 个字节。这是因为成员变量 b 的基本数据类型是 double 型，其偏移量应该是 8（sizeof(double)）的倍数，而 a 占了一个字节，所以 a 变量后面被填充了 7 个字节；

● 成员变量 c 相对于结构体变量的首地址的偏移量是 16，是变量 a 与变量 b 所占内存大小之和，正好也是 4（sizeof(int)）的倍数；

● 成员变量 d 相对于首地址的偏移量是 20 字节，是变量 a、b、c 所占内存大小之和，正好也是 2（sizeof(short)）的倍数。

② 结构体的总大小为结构体最长的结构体成员变量大小的整数倍，如果不够，编译器会在最末一个成员之后加上填充字节。

根据分析，可以计算出结构体变量 S 所占内存大小是 22，但是这并不符合字节对齐的第二项准则，它不是 8（double 数据类型的大小）的倍数，因此编译器会在最后填充 2 个字节，使其大小变为 24。读者可以用 sizeof 运算符求算验证。

其内存分配如图 9-3 所示。

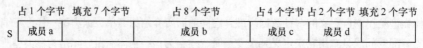

图9-3 结构体S占内存的总大小

需要注意的是，若结构体中有构造类型变量，如结构体中有 char 类型数组成员，则其偏移量以数组中的元素类型所占内存单元大小为基准，即偏移量是 1（sizeof(char)）的倍数。如果是 int 类型数组，则偏移量是 4（sizeof(int)）的倍数。

关于结构体变量的分配，不同的编译器有不同的分配规则，读者了解即可，在实际应用中可用 sizeof 运算符很快捷地求出结构体变量的大小。

（4）结构体变量的初始化

由于结构体变量中存储的是一组类型不同的数据，因此，为结构体变量初始化的过程，其实就是为结构体中各个成员初始化的过程。结构体变量初始化的方式可分为两种。

① 在定义结构体类型和结构体变量的同时，对结构体变量初始化，具体代码如下：

```
struct Student
{
    int num;
    char name[10];
    char sex;
}stu={20160101,"Zhang San",'M'};
```

上述代码在定义结构体变量 stu 的同时，就对其中的成员进行了初始化。

② 定义好结构体类型后，对结构体变量初始化，具体代码如下：

```
struct Student
{
    int num;
    char name[10];
    char sex;
};
struct Student stu ={20160101,"Zhang San",'M'};
```

在上述代码中，首先定义了一个结构体类型 Student，然后在定义结构体变量时，为其中的成员进行初始化。

注意

在对结构体初始化时，如果只初始化其中一部分成员，只需对前面的成员初始化，后面的成员可以空余，因为给成员变量赋值时，编译器是按成员从前往后匹配，而不是按数据类型自动去匹配。

（5）结构体变量的引用

定义并初始化结构体变量的目的是使用结构体变量中的成员。在 C 语言中，引用结构体变量中一个成员的方式如下所示：

```
结构体变量名.成员名
```

例如，下列的语句用于引用结构体变量 stu1 中 num 成员：

```
stu1.num
```

2. typedef——给数据类型取别名

typedef 关键字用于为现有数据类型取别名，例如，前面所学过的结构体、指针、数组、int、double 等数据类型，都可以使用 typedef 关键字为它们另取一个名字。使用 typedef 关键字可以方便程序的移植，降低代码对硬件的依赖性。接下来将针对 typedef 关键字进行详细的讲解。

使用 typedef 关键字语法格式如下：

```
typedef 数据类型别名;
```

数据类型包括基本数据类型、构造数据类型、指针等，接下来针对这几项进行详细讲解。

（1）为基本类型取别名

使用 typedef 关键字为 int 类型取别名，示例代码如下：

```
typedef int ZX;
ZX i,j,k;
```

上面的语句将 int 数据类型定义成 ZX，则在程序中可以用 ZX 定义整型变量。

（2）为数组类型取别名

使用 typedef 关键字为数组取别名，示例代码如下：

```
typedef char NAME[10];
NAME class1,class2;
```

上面的语句定义了一个可含有 10 个字符的字符数组名 NAME，并用 NAME 定义了两个字符数组 class1 和 class2，等效于 char class1[10]和 char class2[10]。

（3）为结构体取别名

使用 typedef 关键字为结构体类型 Student 取别名，示例代码如下：

```
typedef struct Student
{
    int num;
    char name[10];
    char sex;
}STU;
STU stu1;
```

上面的语句定义了一个 Student 类型的结构体 STU：

```
STU stu1;
```

此语句等效于下面这行语句：

```
struct Student stu1;
```

需要注意的是，使用 typedef 关键字只是对已存在的类型取别名，而不是定义了新的类型。有时也可以用宏定义来代替 typedef 的功能，但是宏定义在预处理阶段完成，而 typedef 是在编译阶段完成，使用 typedef 更加灵活。

案例实现

1. 案例设计

（1）定义结构体数据类型 Student，其中包括学生的学号、姓名、年龄和身高四个成员；

（2）采用自定义数据类型 Student 定义变量 stu；

（3）使用 scanf()函数读入个人信息到变量 stu 中，采用成员访问运算符 "."来访问变量 s 中各成员；

（4）采用成员访问运算符访问变量 stu 各成员，并使用 printf()函数将其输出。

2. 完整代码

```
1  #include <stdio.h>
2  typedef struct Student          //定义一个结构体
3  {
4      int num;                     //结构体里面可以存放数据类型不同的数据
5      char name[20];
6      int age;
7      float height;
8  }STU;                            //用 typedef 给结构体起别名为 STU
9  int main()
10 {
11     STU stu;                     //定义一个结构体变量
12     scanf("%d%s%d%f",&stu.num, &stu.name, &stu.age, &stu.height);
13     printf("%d %s %d %.2f \n",stu.num, stu.name, stu.age, stu.height);
14     return 0;
15 }
```

运行结果如图 9-4 所示。

图9-4 【案例1】运行结果

【案例 2】 结构体指针

案例描述

此案例是对案例 1 的补充，案例 1 中使用结构体变量存储了小明的学号、姓名、年龄和身高

第 9 章 结构体和共用体 193
Chapter 9

等信息，此案例要求用两种方法把小明的基本信息输出到屏幕上。

案例分析

实现本案例有两种方法。第一种方法是：在引用各成员时，结构体变量使用成员运算符“.”访问成员。另一种方法将用到一个新的知识，即结构体指针。顾名思义，结构体指针即指向结构体的指针。结构体指针的用法与一般指针没有太大差异，在程序中同样使用指向运算符“->”访问结构体内各成员。接下来将围绕结构体指针变量进行详细讲解。

必备知识

结构体指针变量

在使用结构体指针变量之前，首先需要定义结构体指针，结构体指针的定义方式与一般指针类似，例如，下列语句定义了一个 Student 类型的指针。

```
struct Student s = {"Zhang San", 20160101, 'M', 99.5};
struct Student *p = &s;
```

在上述代码中，定义了一个结构体指针 p，并通过“&”将结构体变量 s 的地址赋值给 p，因此，p 就是指向结构体变量 s 的指针。

当程序中定义了一个指向结构体变量的指针后，就可以通过“指针名→成员变量名”的方式来访问结构体变量中的成员了，假如以上结构体 Student 的定义如下：

```
struct Student
{
    int num;
    char name[10];
    char sex;
};
```

则使用结构体指针 p 取用结构体成员 num、name、sex 的方法为：p->num、p->name、p->sex。

案例实现

1. 案例设计

（1）定义结构体变量 Student，该变量包括四个成员：学号、姓名、年龄和身高；
（2）用自定义的结构体变量 Student 定义变量 ming 和指针变量*m；
（3）将 Student 的指针变量 m 指向对应的变量 ming；
（4）采用指针访问结构体变量，读入小明的所有信息；
（5）使用成员运算符“.”访问并输出变量 ming 中各成员的值；
（6）使用指向运算符“->”访问并输出指针 m 指向的变量中存储的各成员的值。

2. 完整代码

```
1  #include <stdio.h>
2  typedef struct Student
3  {
4      int num;
5      char name[20];
```

```
6       int age;
7       float height;
8  }STU;
9  int main()
10 {
11     STU ming;
12     STU *m;                    //定义一个结构体指针
13     m = &ming;                 //指针指向结构体ming
14     scanf("%d%s%d%f",&m->num,m->name,&m->age,&m->height);
15     printf("First:");          //这是第一种
16     printf("%d %s %d %.1f\n",ming.num, ming.name, ming.age, ming.height);
17     printf("Second:");         //这是第二种
18     printf("%d %s %d %.1f\n", m->num, m->name, m->age, m->height);
19     return 0;
20 }
```

运行结果如图9-5所示。

图9-5 【案例2】运行结果

【案例 3】 求学生平均成绩

案例描述

一个小组中有 3 名学生,每名学生有 3 门课程的成绩需要统计。案例要求通过编程依次输入学生的学号、姓名和三门课程的成绩,计算出平均成绩并依次把每名学生的学号、姓名和平均成绩打印在屏幕上。

案例分析

很显然,用刚刚学过的结构体存放学生的信息是最好的选择。一个结构体变量可以存储一组数据,如一名学生的学号、姓名和成绩等。但是本案例中有 3 名学生的信息需要存储,因此需要采用结构体数组。与前面讲解的数组不同,结构体数组中的每个元素都是结构体类型的,它们都具有若干个成员项。接下来将针对结构体数组的定义、引用及初始化方式进行讲解。

必备知识

1. 结构体数组的定义

假设一个班有 20 名学生,如果需要描述这 20 名学生的信息,可以定义一个长度为 20 的 Student 类型数组,与定义结构体变量一样,可以采用三种方式定义结构体数组 stus。

(1)先定义结构体类型,后定义结构体数组,具体示例如下:

```
struct Student
{
```

```
    int num;
    char name[10];
    char sex;
};
struct Student stus[20];
```

（2）在定义结构体类型的同时定义结构体数组，具体示例如下：

```
struct Student
{
    int num;
    char name[10];
    char sex;
}stus[20];
```

（3）直接定义结构体数组，具体示例如下：

```
struct
{
    int num;
    char name[10];
    char sex;
}stus[20];
```

2. 结构体数组的初始化

结构体数组与数组类似，都通过为元素赋值的方式完成初始化。由于结构体数组中的每个元素都是一个结构体变量，因此，在为每个元素赋值的时候，需要将其成员的值依次放到一对大括号中。

例如，定义一个结构体数组 students，该数组有 3 个元素，并且每个元素有 num、name、sex 三个成员，可以采用下列两种方式对结构体数组 students 初始化。

（1）先定义结构体类型，然后定义并初始化结构体数组，具体示例如下：

```
struct Student
{
    int num;
    char name[10];
    char sex;
};
struct Student students[3] = { {20160101, "Zhang San",'M'},
                               {20160102, "Li Si",'W'},
                               {20160103, "Zhao Wu",'M'}
                             };
```

（2）在定义结构体类型的同时定义数组，并对结构体数组初始化，具体示例如下：

```
struct Student
{
    int num;
    char name[10];
    char sex;
}students[3] = {{20160101, "Zhang San",'M'},
                {20160102, "Li Si",'W'},
                {20160103, "Zhao Wu",'M'}
               };
```

当然，使用这种方式初始化结构体数组时，也可以不指定结构体数组的长度，系统在编译时，会自动根据初始化的值决定结构体数组的长度。因此以下的初始化方式也是合法的。

```
struct Student
{
    int num;
    char name[10];
    char sex;
}students[] = {{20160101, "Zhang San",'M'},
               {20160102, "Li Si",'W'},
               {20160103, "Zhao Wu",'M'}
               };
```

3. 结构体数组的引用

结构体数组的引用是指对结构体数组元素的引用，由于每个结构体数组元素都是一个结构体变量，因此，结构体数组元素的引用方式与结构体变量类似，其语法格式如下所示：

```
数组元素名称.成员名;
```

例如，要引用本案例第 2 个知识点结构体数组 students[]中第一个元素的 num 成员，可以采用下列方式：

```
students[0].num;
```

4. 结构体数组指针

指针可以指向结构体数组，即将结构体数组的起始地址赋给指针变量，这种指针就是结构体数组指针。下面语句定义了 Student 结构体的一个数组和该数组的指针。

```
struct Student stu1[10],*p=&stu1;
```

在上述代码中，p 是指向 Student 结构体数组的指针，从定义上看，它和结构体指针没什么区别，只不过指向的是结构体数组。

案例实现

1. 案例设计

（1）定义一个结构体数组，用来存放 3 个学生的信息；

（2）用 for 循环依次读取 3 个学生的信息，再用 for 循环分别计算成绩总和并求出平均值。

2. 完整代码

```
1   #include <stdio.h>
2   struct student                          //定义结构体数组
3   {
4       char num[6];
5       char name[10];
6       int score[3];
7       float average;
8   }stu[5];
9   int main()
10  {
11      int i, j, k;
12      float sum;
```

```
13      for (i = 0; i < 3; i++)                //通过循环依次输入三个学生的信息
14      {
15          printf("Please input the information of the students:\n");
16          printf("Number: ");
17          scanf("%s",stu[i].num);  //输入学号
18          printf("Name: ");
19          scanf("%s",stu[i].name); //输入姓名
20          sum = 0;
21          for (j = 0; j < 3; j++)  //输入三门成绩
22          {
23              printf("Score%d: ", j + 1);
24              scanf("%d", &stu[i].score[j]);
25              sum += stu[i].score[j];          //累加成绩
26          }
27          stu[i].average = sum / 3;            //算出平均成绩
28          printf("----------------------------------------------------\n");
29      }
30      for (k = 0; k < 3; k++)   //最后输出三个学生的信息以及平均成绩
31      {
32          printf("Number: %s\n", stu[k].num);
33          printf("Name: %s\n", stu[k].name);
34          printf("Average score: %.1f\n", stu[k].average);
35      }
36      return 0;
37  }
```

运行结果如图 9-6 所示。

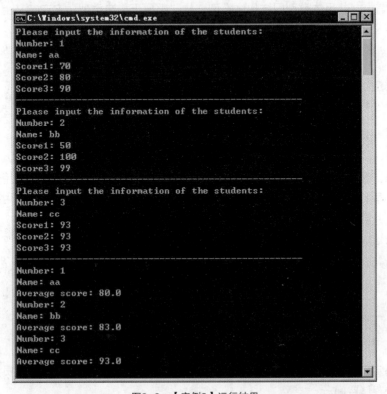

图9-6 【案例3】运行结果

【案例 4】 师生信息统计表

案例描述

案例要求设计一个师生信息统计表，将老师与学生的信息统计在一个表格中，如果是学生就记录其姓名、性别、角色、所在教室，如果是老师就记录其姓名、性别、角色、所在办公室。统计形式如下：

```
xiaoming  m  s  022
Mark  m  t  English
```

请编程完成此信息统计表。

案例分析

老师与学生都有姓名、性别、角色信息，且所用数据类型是相同的，可以用结构体来整合这些信息。但他们所在地点（教室与办公室）所用数据类型却不相同，此时若还要共用表的一列，之前学习的知识无法实现这种设计，下面来讲解一种新的数据类型——共用体。

必备知识

1. 共用体数据类型的定义

在 C 语言中，共用体类型同结构体类型一样，都属于构造类型，它在定义上与结构体类型十分相似，定义共用体类型的语法格式如下所示：

```
union 共用体类型名称
{
    数据类型成员名1;
    数据类型成员名2;
        ......
    数据类型成员名n;
};
```

在上述语法格式中，"union"是定义共用体类型的关键字，其后是所定义"共用体类型名称"，在"共用体类型名称"下的大括号中，定义了共用体类型的成员项，每个成员都由"数据类型"和"成员名"共同组成。

例如下面这段代码：

```
union data
{
    int m;
    float x;
    char c;
};
```

上述代码定义了一个名为 data 的共用体类型，该类型由三个不同类型的成员组成，这些成员共享同一块存储空间。

2. 共用体变量的定义

共用体变量的定义和结构体变量的定义类似，假如要定义两个 data 类型的共用体变量 a 和 b，则可以采用下列三种方式。

（1）先定义共用体类型，再定义共用体变量，具体示例如下：

```
union data
{
    int m;
    float x;
    char c;
};
union data a,b;
```

（2）在定义共用体类型的同时定义共用体变量，具体示例如下：

```
union data
{
    int m;
    float x;
    char c;
}a,b;
```

（3）直接定义共用体类型变量，具体示例如下：

```
union
{
    int m;
    Double x;
    char c;
}a,b;
```

上述三种方式都用于定义共用体变量 a 和 b，和结构体变量的定义相同。

 多学一招：共用体内存分配

共用体的内存分配必须要符合两项准则，具体如下：

（1）共用体的内存必须大于或等于其成员变量中最大数据类型（包括基本数据类型和数组）的大小。

（2）共用体的内存必须是最宽基本数据类型的整数倍，如果不是，则填充字节。接下来通过两个共用体的内存分析来解释上述准则。

① 成员变量都是基本数据类型的共用体，具体如下：

```
union
{
    int m;
    float x;
    char c;
}a;
```

共用体 a 的内存大小如图 9-7 所示。

共用体 a 的内存大小是最大数据类型所占的字节数，即 int 和 float 的大小，所以共用体 a

的内存大小为 4 字节。

②成员变量包含数组类型的共用体，具体如下：

```
union
{
    int m;
    float x;
    char c;
    char name[5];
}b;
```

共用体 b 的内存大小如图 9-8 所示。

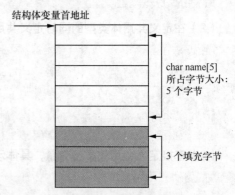

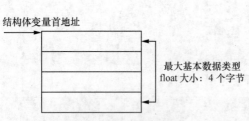

图9-7 共用体a的内存   图9-8 共用体b的内存

共用体 b 的内存大小是按最大数据类型 char name[5]来分配的，char name[5]占 5 个字节。共用体 b 的内存大小还必须是最宽基本数据类型的整数倍，所以填充 3 个字节，共 8 个字节。关于共用体变量的内存大小，读者可以通过 sizeof 运算符来验证。

3. 共用体变量的初始化和引用

在共用体变量定义的同时，只能对其中一个成员的类型值进行初始化，这与它的内存分配也是相应的。共用体变量初始化的方式如下所示：

```
union 共用体类型名共用体变量={其中一个成员的类型值};
```

从上述语法格式可以看出，尽管只能给其中一个成员赋值，但必须用大括号括起来。

例如，下列语句用于对 data 类型的共用体变量 a 进行初始化。

```
union data a={8};
```

完成了共用体变量的初始化后，就可以引用共用体中的成员了，共用体变量的引用方式与结构体类似，例如，下列代码定义了一个共用体变量 a 和一个共用体指针 p。

```
uniondata
{
    int m;
    float x;
    char c;
};
union data a = {12}, *p=&a;
```

如果要引用共用体变量中的 m 成员，则可以使用下列方式：

```
a.m        // 引用共用体变量 a 中的成员 m
p->m       // 引用共用体指针变量 p 所指向的变量成员 m
```

需要注意的是，虽然共用体变量的引用方式与结构体类似，但两者是有区别的，其主要区别是，在程序执行的任何特定时刻，结构体变量中的所有成员同时驻留在该结构体变量所占用的内存空间中，而共用体变量仅有一个成员驻留在共用体变量所占用的内存空间中。

案例实现

1. 案例设计

（1）定义一个具有姓名、性别、角色和部门的结构体数组，数组中包含 3 个元素，元素中的成员"部门"为共用体类型，元素中成员"角色"如果是学生就填写班级，如果是老师则填写办公室；

（2）循环读取这三个人的姓名、性别、角色、班级或办公室等信息；

（3）最后循环输出三个人的信息。

2. 完整代码

```
1   #include <stdio.h>
2   struct
3   {
4       int num;
5       char name[20];
6       char gender;
7       char role;
8       union                    //定义一个共用体
9       {
10          int classname;
11          char office[10];
12      }dept;
13  }person[3];
14  int main()
15  {
16      int i;
17      for (i = 0; i < 3; i++)
18      {
19          printf("Please input the information of NO.%d\n", i+1);
20          printf("Name:");
21          scanf("%s",person[i].name);     //输入姓名
22          getchar();
23          printf("Gender:");              //输入性别
24          scanf("%c", &person[i].gender);
25          getchar();
26          printf("Role:");                //输入角色
27          scanf("%c", &person[i].role);
28          if (person[i].role=='s')        //如果角色是学生
29          {
30              printf("Classname:");
31              scanf("%d", &person[i].dept.classname); //共用体中的班级名
32          }
33          else                            //如果不是学生，是老师
```

```
34        {
35            printf("Office:");
36            scanf("%s", person[i].dept.office);   //共用体中的办公室
37        }
38    }
39    printf("    Name Gender Role Dept\n");        //表头
40    for (i = 0; i < 3; i++)              //通过循环把所有信息输出到屏幕上
41    {
42        if (person[i].role=='s')
43            printf("%6s%6c%6c%10d\n",person[i].name,person[i].gender,
44                person[i].role, person[i].dept.classname);
45        else
46            printf("%6s%6c%6c%10s\n",person[i].name,person[i].gender,
47                person[i].role, person[i].dept.office);
48    }
49    return 0;
50 }
```

运行结果如图9-9所示。

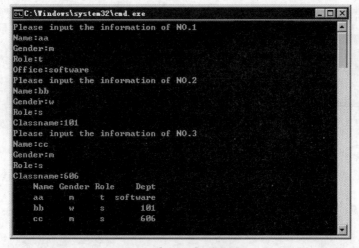

图9-9　【案例4】运行结果

【案例5】 打鱼还是晒网

案例描述

中国有句俗语叫"三天打鱼两天晒网"。某人从 2000 年 1 月 1 日起开始"三天打鱼两天晒网",问此人在以后的某一天中是"打鱼"还是"晒网"。案例要求通过编程解决此问题,任意输入某一天,判断出这一天是"打鱼"还是"晒网"。

案例分析

解决问题可以分为三步:

（1）计算从 2000 年 1 月 1 日开始到指定日期一共多少天；

（2）由于"打鱼"和"晒网"的周期为 5 天，所以用 5 去除计算出的天数；

（3）根据余数判断他是在"打鱼"还是在"晒网"；若余数为 1、2、3，则他是在"打鱼"，否则是在"晒网"。

案例实现

1. 案例设计

要利用循环求出指定日期距 2000 年 1 月 1 日的天数，当遇到闰年时需要稍加注意，闰年二月为 29 天，平年二月为 28 天。判断闰年的方法为：如果能被 4 整除且不能被 100 整除，或者能被 400 整除，则该年是闰年，否则不是闰年。

2. 完整代码

```
1   #include<stdio.h>
2   typedef struct date{
3       int year;
4       int month;
5       int day;
6   }DATE;
7   int days(DATE today)
8   {
9       static int day_tab[2][13] = {
10          { 0, 31, 28, 31, 30, 31, 30, 31, 31, 30, 31, 30, 31, }, //每月的天数
11          { 0, 31, 29, 31, 30, 31, 30, 31, 31, 30, 31, 30, 31, },
12      };
13      int i, leap;
14      leap = today.year%4==0 && today.year % 100 != 0||today.year%400 == 0;
15      //判定 year 为闰年还是平年，leap=0 为平年，leap=1 为闰年
16      for (i = 1; i < today.month; i++)        //计算本年中自 1 月 1 日起的天数
17          today.day += day_tab[leap][i];
18      return today.day;
19  }
20  int main()
21  {
22      DATE today, term;
23      int yearday, year, day;
24      printf("Please input the year/month/day:\n");
25      scanf("%d/%d/%d", &today.year, &today.month, &today.day); //输入日期
26      term.month = 12;                 //设置月份的初始值
27      term.day = 31;                   //设置某日的初始值
28      for (yearday = 0, year = 2000; year < today.year; year++)
29      {
30          term.year = year;
31          yearday += days(term);       //计算从 2000 年至指定年的前一年共有多少天
32      }
```

```
33     yearday += days(today);          //加上指定年中到指定日期的天数
34     day = yearday % 5;               //求余数
35     if (day > 0 && day < 4)
36         printf("Fishing day!\n");    //把结果输出到屏幕上
37     else
38         printf("Rest day.\n");
39     return 0;
40 }
```

运行结果如图 9-10 所示。

图9-10 【案例5】运行结果

【案例 6】 初识链表

案例描述

链表是结构体的典型应用。不过，本案例只讲解链表的入门知识，若想深入了解链表，请阅读由传智播客高教产品研发部编著的《数据结构与算法——C 语言版》。案例要求通过编程创建一个简单链表，并将链表中的数据输出到屏幕上。

案例分析

链表是一种物理存储单元上非连续、非顺序的存储结构，数据元素的逻辑顺序是通过链表中的指针链接次序实现的。链表由一系列结点（链表中每一个元素称为结点）组成，结点可以在运行时动态生成。每个结点包括两个部分：一个是存储数据元素的数据域，另一个是存储下一个结点地址的指针域。

必备知识

1. 什么是链表

链表是一种物理存储单元上可能非连续、非顺序的存储结构，数据元素的逻辑顺序是通过链表中的指针链接次序实现的。链表中的每一个元素称为一个结点。

在链表中，结点之间的存储单元地址可能是不连续的。链式存储中每个结点都包含两个部分：存储元素本身的数据域和存储结点地址的指针域。结点中的指针指向下一个结点，如图 9-11 所示，就是一个链表。

一般在链表中也会有一个头结点来保存链表的信息，然后有一个指针指向下一个结点，下一个结点的指针又指向它后面的一个结点，这样直到最后一个结点，最后一个结点没有后继结点，它的指针就指向 NULL。

在链表中，这些存储单元可以是不连续的，因此它可以提高空间利用率，当需要存储元素时，将元素存储到空闲的空间中，再将分配的空间地址保存到上一个结点即可，这样通过访问前一个元素就能找到后一个元素。

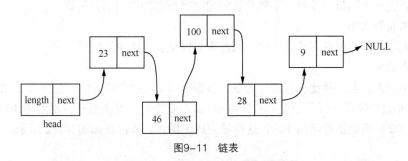

图9-11 链表

当在链表中某一个位置插入元素时，从空闲空间中为该元素分配一个存储单元，然后将两个结点之间的指针断开，上一个结点的指针指向新分配的存储单元，新分配的结点中指针指向下一个结点；这样只对与插入位置相邻的元素进行操作，效率比较高；同样，当删除链表中的某个元素时，就断开它与前后两个结点的指针，然后将它的前后两个结点连接起来，也不会对除与待操作元素相邻的元素之外的元素进行操作。与数组相比较，在插入删除元素方面，链表的效率要比数组高许多。

但是链表不能进行随机查找，链表没有索引标注，存储单元的空间并不连续，如果要查找某一个元素，必须先得经过它的上一个结点中的地址才能找到它，因此不管遍历哪一个元素，都必须把它前面的元素都遍历后才能找到它，效率就不如数组高。

2. 链表的基本操作

链表有增、删、改、查几种基本操作。接下来我们来简单学习一下链表的几种基本操作。

（1）创建链表

以图 9-11 中的链表为例，在创建链表时，头结点中保存链表的信息，如链表的长度，则需要创建一个 struct，在其中定义链表的信息与指向下一个结点的指针。代码如下所示：

```
struct Header  //头结点
{
    int length;          //记录链表大小
    struct Node* next;   //指向第一个结点的指针
};
```

存储元素的结点包含两部分内容：数据域和指针域，也需要定义一个 struct，代码如下所示：

```
struct Node  //结点
{
    int data;            //数据域
    struct Node* next;   //指向下一个结点的指针
};
```

这样头结点与数据结点均已定义。为了使用方便，使用 typedef 为两个结构体定义新的名称，代码如下所示：

```
typedef struct Node  List;    //将 struct Node 重命名为 List
typedef struct Header pHead;  //将 struct Header 重命名为 pHead
```

创建链表时，创建一个头结点，此后每存储一个元素就分配一个存储单元，然后将存储单元的地址保存在上一个结点中即可，不需要在创建时把所有的空间都分配好。

（2）获取链表大小

链表的大小等信息保存在头结点中，因此需要时从头结点中获取即可。

（3）插入元素

在链表中插入元素时要比在数组中方便。以图 9-11 中的链表为例，如果要在 46 和 100 之间插入元素 99，需要进行以下步骤：首先将 46 和 100 之间的连接断开，然后将 46 结点的指针指向 99，将 99 结点的指针指向 100，这样就完成了插入。其过程如图 9-12 所示。

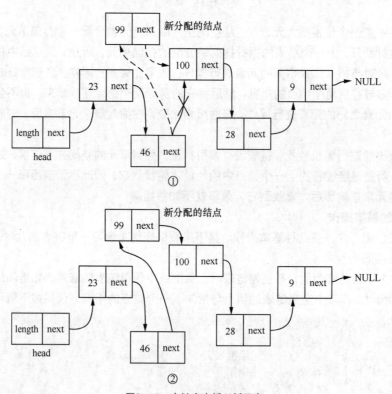

图9-12　在链表中插入新元素

在插入元素时，不必像数组中那样移动元素，效率要高很多。

（4）查找某个元素

查找链表中的某个元素，其效率没有数组高，因为不管查找的元素在哪个位置，都需要将它前面的元素都全部遍历才能找到它。在查找的过程中，判断结点的值是否等于要查找的值，如果相等，则查找成功；如果遍历结束都没有找到要查找的元素值，则链表中不存在要查找的元素。

（5）删除元素

在删除元素时，首先将被删除元素与上下结点之间的连接断开，然后将这两个上下结点重新连接，这样元素就从链表中成功删除了。例如，将图 9-12②中的元素 28 删除，其过程如图 9-13 所示。

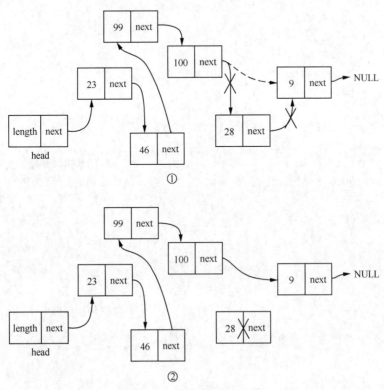

图9-13 从链表中删除元素

删除元素时，不必像数组那样将后面的元素依次往前移动，因此效率要比数组高。

案例实现

1. 案例设计

（1）先定义一个结构体用来表示链表的结点；

（2）然后自定义一个创建链表的函数；

（3）主函数中先输入结点数量，然后传到创建链表的函数中，调用此函数；

（4）最后把链表中的所有数据打印出来。

2. 完整代码

```
1   #include <stdio.h>
2   #include <malloc.h>
3   struct node                //定义一个结构体
4   {
5       int data;
6       struct node *next;     //结构体指针
7   };
8   typedef struct node NODE;  //取别名 NODE
```

```c
9   NODE *create(int n)           //自定义一个创建链表的函数
10  {
11      int i,a;
12      NODE *head = NULL;
13      NODE *p1 = NULL;
14      NODE *p2 = NULL;
15      printf("Please input all: ");
16      for (i = n; i > 0; --i)
17      {
18          p1 = (NODE*)malloc(sizeof(NODE));     //分配空间
19          scanf("%d", &a);
20          p1->data = a;                          //给数据域赋值
21          if (NULL == head)                      //指定头结点
22          {
23              head = p1;
24              p2 = p1;
25          }
26          else
27          {
28              p2->next = p1;                     //指定后继指针
29              p2 = p1;
30          }
31      }
32      p2->next = NULL;
33      return head;                               //返回头节点
34  }
35  int main()
36  {
37      int n;
38      NODE *p;
39      printf("Please input the number of nodes that you want to create: ");
40      scanf("%d", &n);                           //输入链表结点个数
41      p = create(n);                             //调用创建函数,把结点个数传进去
42      printf("Result:\n");
43      while (p)                                   //通过循环输出链表的内容
44      {
45          printf("%d ", p->data);
46          p = p->next;                           //指向下一个节点
47      }
48      printf("\n");
49      return 0;
50  }
```

运行结果如图 9-14 所示。

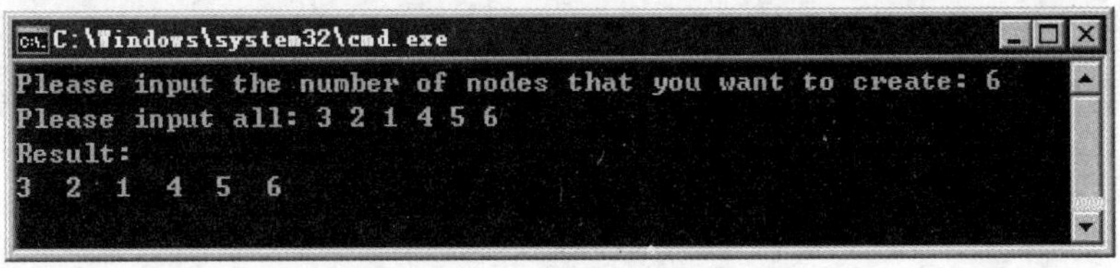

图9-14 【案例6】运行结果

【案例 7】 综合案例——学生成绩管理系统

案例描述

通过本章前面对结构体的学习，大家应掌握了其概念和基本用法，接下来通过一个较大的综合案例来强化此知识点的学习，本案例综合了前八章的知识，读者应在学习的过程中，把所有知识融会贯通。

案例要求模拟开发一个学生成绩管理系统，此系统具有以下功能：

（1）添加学生信息，包括学号、姓名、语文、数学成绩；

（2）显示学生信息，将所有学生信息打印输出；

（3）修改学生信息，可以根据姓名查找到学生，然后可以修改学生姓名、成绩项；

（4）删除学生信息，根据学号查找到学生，将其信息删除；

（5）查找学生信息，根据学生姓名，将其信息打印输出；

（6）按学生总成绩进行从高到低的排序。

请通过编程完成此系统的开发。

案例分析

因为学生信息包括学号、姓名和成绩等不同数据类型的属性，所以需要定义一个学生类型的结构体。

在存储学生信息时，可选用数组或链表，考虑到学生要根据总成绩来排序，为方便排序，我们选用数组来存储学生信息。

案例实现

1．案例设计

在此学生成绩管理系统中，需要实现 7 个功能：添加记录、显示记录、修改记录、删除记录、查找记录、排序以及退出系统。这些功能之间的逻辑关系如图 9-15 所示。

图 9-15 展示了"学生成绩管理系统"所有需实现的功能模块以及彼此之间的联系，图中的每个功能都会对应一个界面。该系统首先会向用户展现一个菜单选择界面，用户可以根据菜单界面的提示，选择不同的功能进入子界面。

每个功能由不同的函数实现，具体如下。

（1）添加记录—add()函数

当用户在功能菜单中选择数字 1 时，会调用 add()函数进入添加记录模块，提示用户输入学生的学号、姓名、语文成绩、数学成绩。当用户输入完毕后，会提示用户是否继续添加，Y 表示继续，N 表示返回。需要注意的是，在添加学号时不能重复，如果输入重复的学号就会提示"此学号存在"。

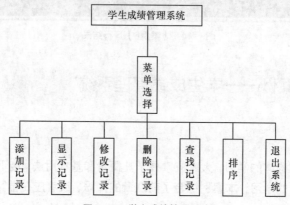

图9-15 学生成绩管理系统

（2）显示记录—showAll()函数

当用户在功能菜单中选择数字 2 时，会调用 show()函数进入显示记录模块，并向控制台输出录入的所有学生的学号、姓名、数学成绩、语文成绩和成绩总和。

（3）修改记录—modify()函数

当用户在功能菜单中选择数字 3 时，会调用 modify()函数进入修改记录模块，输入要修改的学生姓名，当用户输入了已录入的学生姓名后，如果学生信息存在，即可修改除学号以外的其他信息，否则输出"该学生不存在"。

（4）删除记录—del()函数

当用户在功能菜单中选择数字 4 时，会调用 del()函数进入删除记录模块，对学生学号进行判断，如果学号存在，即可删除该生的所有信息，否则输出"没有找到该生的记录"。

（5）查找记录—search()函数

当用户在功能菜单中输入数字 5 时，会调用 search()进入查找记录模块，在该模块中输入查找的学生姓名，如果该学生存在，则输出该学生的全部信息，否则输出"没有找到该生的记录"。

（6）排序—sort()函数

当用户在功能菜单中输入数字 6 时，会调用 sort()函数进入排序记录模块，该模块会输出所有学生的信息，并按总成绩由高到低进行排序。

2．完整代码

Student.h 文件

```
1   #ifndef STUDENT         //先测试 STUDENT 是否被宏定义过，避免重新使用
2   #define STUDENT         //定义 STUDENT
3   #include <stdio.h>
4   #include <string.h>
5   #include <stdlib.h>
6   #define HH printf("%-10s%-10s%-10s%-10s%-10s\n",\
7                          "学号","姓名","语文成绩","数学成绩","总分")
```

```
8   struct student           //学生记录
9   {
10      int     id;          //学号
11      char    name[8];     //姓名
12      int     chinese;     //语文成绩
13      int     math;        //数学成绩
14      int     sum;         //总分
15  };
16  static int n;            //记录学生信息条数
17  void menu();
18  void add(struct student stu[]);              //函数声明
19  void show(struct student stu[], int i);
20  void showAll(struct student stu[]);
21  void modify(struct student stu[]);
22  void del(struct student stu[]);
23  void search(struct student stu[]);
24  void sort(struct student stu[]);             //函数声明
25  #endif              //结束条件编译
```

Student.c 文件

```
1   #define _CRT_SECURE_NO_WARNINGS
2   #include "Student.h"
3   void menu()
4   {
5       system("cls");//清空屏幕
6       printf("\n");
7       printf("\t\t --------------学生成绩管理系统--------------\n");
8       printf("\t\t |\t\t 1 添加记录 | \n");
9       printf("\t\t |\t\t 2 显示记录 | \n");
10      printf("\t\t |\t\t 3 修改记录 | \n");
11      printf("\t\t |\t\t 4 删除记录 | \n");
12      printf("\t\t |\t\t 5 查找记录 | \n");
13      printf("\t\t |\t\t 6 排序记录 | \n");
14      printf("\t\t |\t\t 0 退出系统 | \n");
15      printf("\t\t ----------------------------------------------\n");
16      printf("\t\t 请选择(0-6):");
17  }
18  void add(struct student stu[])
19  {
20      int i, id = 0;                   //i 作为循环变量，id用来保存新学号
21      char quit;                       //保存"是否退出"的选择
22      do
23      {
24          printf("学号: ");
25          scanf("%d", &id);
26          for (i = 0; i < n; i++)
27          {
28              if (id == stu[i].id)     //假如新学号等于数组中某生的学号
29              {
30                  printf("此学号存在! \n");
```

```
31                    return;
32                }
33            }
34        stu[i].id = id;
35        printf("姓名: ");
36        scanf("%s", &stu[i].name);
37        printf("语文成绩: ");
38        scanf("%d", &stu[i].chinese);
39        printf("数学成绩: ");
40        scanf("%d", &stu[i].math);
41        stu[i].sum = stu[i].chinese + stu[i].math;  //计算出总成绩
42        n++;  //记录条数加 1
43        printf("是否继续添加?(Y/N)");
44        scanf("\t%c", &quit);
45    } while (quit != 'N');
46 }
47 void show(struct student stu[], int i)
48 {
49    printf("%-10d", stu[i].id);
50    printf("%-10s", stu[i].name);
51    printf("%-10d", stu[i].chinese);
52    printf("%-10d", stu[i].math);
53    printf("%-10d\n", stu[i].sum);
54 }
55 void showAll(struct student stu[])
56 {
57    int i;
58    HH;
59    for (i = 0; i < n; i++)
60    {
61        show(stu, i);
62    }
63 }
64 void modify(struct student stu[])
65 {
66    char name[8], ch;        //name 用来保存姓名, ch 用来保存"是否退出"的选择
67    int i;
68    printf("修改学生的记录。\n");
69    printf("请输入学生的姓名: ");
70    scanf("%s", &name);
71    for (i = 0; i < n; i++)
72    {
73        if (strcmp(name, stu[i].name) == 0)
74        {
75            getchar();        //提取并丢掉回车键
76            printf("找到该生的记录, 如下所示: \n");
77            HH;                //显示记录的标题
78            show(stu, i);    //显示数组 stu 中的第 i 条记录
```

```
79              printf("是否修改?(Y/N)\n");
80              scanf("%c", &ch);
81              if (ch == 'Y' || ch == 'y')
82              {
83                  getchar();     //提取并丢掉回车键
84                  printf("姓名: ");
85                  scanf("%s", &stu[i].name);
86                  printf("语文成绩: ");
87                  scanf("%d", &stu[i].chinese);
88                  printf("数学成绩: ");
89                  scanf("%d", &stu[i].math);
90                  stu[i].sum = stu[i].chinese + stu[i].math;//计算出总成绩
91                  printf("修改完毕。\n");
92              }
93              return;
94          }
95      }
96      printf("没有找到该生的记录。\n");
97  }
98  void del(struct student stu[])
99  {
100     int id, i;
101     char ch;
102     printf("删除学生的记录。\n");
103     printf("请输入学号: ");
104     scanf("%d", &id);
105     for (i = 0; i < n; i++)
106     {
107         if (id == stu[i].id)
108         {
109             getchar();
110             printf("找到该生的记录,如下所示: \n");
111             HH;                                //显示记录的标题
112             show(stu, i);                      //显示数组 stu 中的第 i 条记录
113             printf("是否删除?(Y/N)\n");
114             scanf("%c", &ch);
115             if (ch == 'Y' || ch == 'y')
116             {
117                 for (; i < n; i++)
118                     stu[i] = stu[i + 1];       //被删除记录后面的记录均前移一位
119                 n--;                           //记录总条数减 1
120                 printf("删除成功! ");
121             }
122             return;
123         }
124     }
125     printf("没有找到该生的记录! \n");
126 }
```

```
127 void search(struct student stu[])
128 {
129     char name[8];
130     int i;
131     printf("查找学生的记录。\n");
132     printf("请输入学生的姓名：");
133     scanf("%s", &name);
134     for (i = 0; i < n; i++)
135     {
136         if (strcmp(name, stu[i].name) == 0)
137         {
138             printf("找到该生的记录，如下所示：\n");
139             HH;                          //显示记录的标题
140             show(stu, i);                //显示数组 stu 中的第 i 条记录
141             return;
142         }
143     }
144     printf("没有找到该生的记录。\n");
145 }
146 void sort(struct student stu[])
147 {
148     int i, j;
149     struct student t;
150     printf("按总成绩进行排序，");
151     for (i = 0; i < n - 1; i++)         //双层循环实现总分的比较与排序
152     {
153         for (j = i + 1; j < n; j++)
154         {
155             if (stu[i].sum < stu[j].sum)
156             {
157                 t = stu[i];
158                 stu[i] = stu[j];
159                 stu[j] = t;
160             }
161         }
162     }
163     printf("排序结果如下：\n");
164     showAll(stu);                       //显示排序后的所有记录
165 }
```

main.c 文件

```
1   #define _CRT_SECURE_NO_WARNINGS
2   #include<stdio.h>
3   #include "student.h"                   //包含子函数原型文件 student.h
4   int main()
5   {
6       struct student stu[50];            //用来保存学生记录，最多保存 50 条
7       int select, quit = 0;
```

```
8        while (1)
9        {
10              menu();                    //调用子函数 Menu 输出菜单选项
11              scanf("%d", &select);      //将用户输入的选择保存到 select
12              switch (select)
13              {
14              case 1:                    //用户选择 1，即添加记录，会转到这里来执行
15                  add(stu);              //调用子函数 In，同时传递数组名 stu
16                  break;
17              case 2:                    //用户选择 2，即显示记录，会转到这里来执行
18                  showAll(stu);          //调用子函数 ShowAll，同时传递数组名 stu
19                  break;
20              case 3:                    //用户选择 3，即修改记录，会转到这里来执行
21                  modify(stu);           //调用子函数 Modify，同时传递数组名 stu
22                  break;
23              case 4:                    //用户选择 4，即删除记录，会转到这里来执行
24                  del(stu);              //调用子函数 Del，同时传递数组名 stu
25                  break;
26              case 5:                    //用户选择 5，即查找记录，会转到这里来执行
27                  search(stu);           //调用子函数 Search，同时传递数组名 stu
28                  break;
29              case 6:                    //用户选择 6，即排序记录，会转到这里来执行
30                  sort(stu);             //调用子函数 Sort，同时传递数组名 stu
31                  break;
32              case 0:                    //用户选择 0，即退出系统，会转到这里来执行
33                  quit = 1;              //将 quit 的值修改为 1，表示可以退出死循环了
34                  break;
35              default:
36                  printf("请输入 0～6 之间的数字\n");
37                  break;
38              }
39              if (quit == 1)
40                  break;
41              printf("按任意键返回主菜单！\n");
42              getchar();                 //提取缓冲区中的回车键
43              getchar();                 //起到暂停的作用
44          }
45          printf("程序结束！\n");
46          return 0;
47 }
```

（1）菜单选择

程序运行开始时，首先会显示学生成绩管理系统的功能选择菜单，具体如图 9-16 所示。

图 9-16 中的数字对应功能菜单的编号，在"请选择（0~6）:"后面输入对应的数字，就会执行相应的功能。

（2）添加记录

当在上图所示的功能菜单中输入 1 时，就会执行添加记录操作。接下来向程序中添加 3 个学生的成绩信息，具体如图 9-17 所示。

图9-16 【案例7】运行结果——功能菜单界面

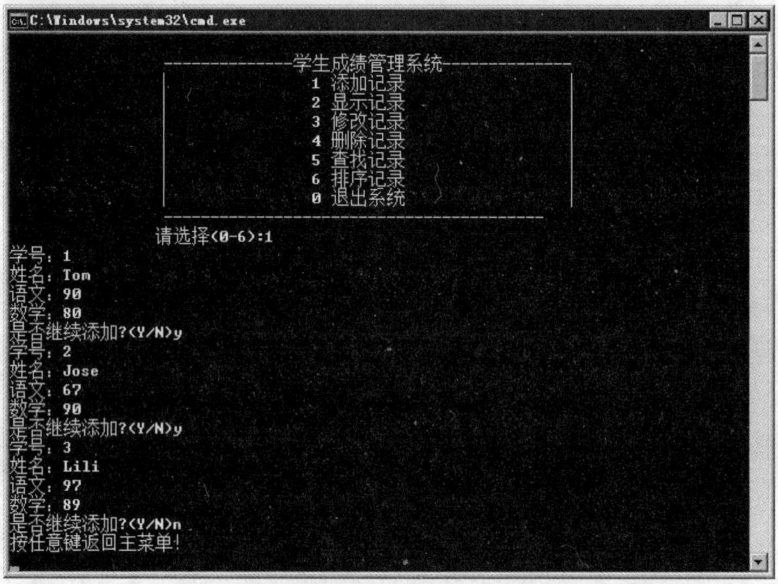

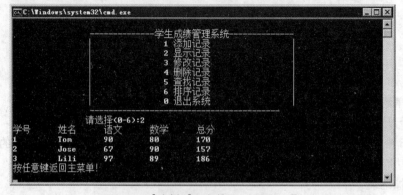

图9-17 【案例7】运行结果——添加记录

学生信息添加完成后，可以在"是否继续添加"的提示后输入 n，然后按任意键返回主菜单。

（3）显示记录

当在功能菜单中输入 2 时，就会显示所有学生信息，具体如图 9-18 所示。

图9-18 【案例7】运行结果——显示记录

（4）修改记录

当在功能菜单中输入 3 时，就会执行修改记录操作。在修改记录时，会根据指定的姓名修改某个学生信息，具体如图 9-19 所示。

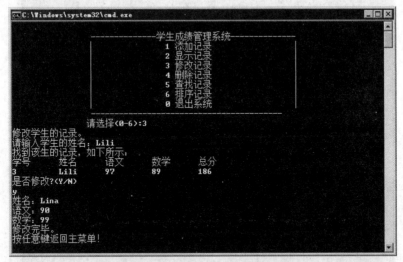

图9-19 【案例7】运行结果——修改记录

（5）删除记录

当在功能菜单中输入 4 时，就会执行删除记录操作，根据指定的学号删除某个学生信息，具体如图 9-20 所示。

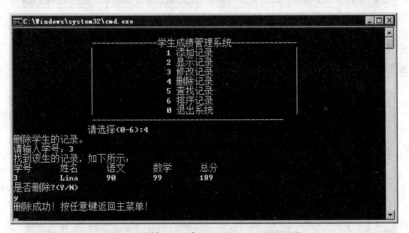

图9-20 【案例7】运行结果——删除记录

（6）查找记录

当在功能菜单中输入 5 时，就会执行查找记录功能，根据指定的姓名查找某个学生信息，具体如图 9-21 所示。

（7）排序

当在功能菜单中输入 6 时，就会显示所有学生信息，并按照总成绩进行降序排列，具体如图 9-22 所示。

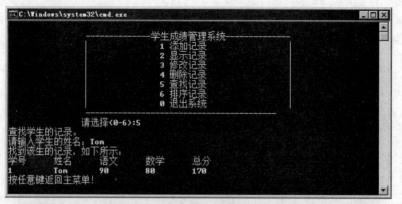

图9-21 【案例7】运行结果——查找记录

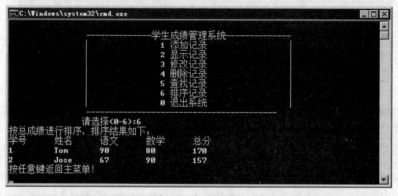

图9-22 【案例7】运行结果——排序

（8）退出系统

当在功能菜单中输入 0 时，就会退出学生成绩管理系统，具体如图 9-23 所示。

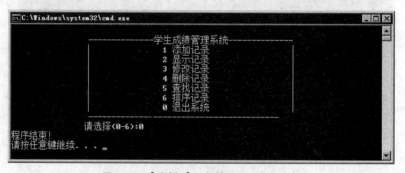

图9-23 【案例7】运行结果——退出系统

3. 代码详解

该案例的代码分散在 3 个文件中，分别为：Student.h 头文件、Student.c 文件和 main.c 文件。

Student.h 头文件用于定义案例实现所需的宏、学生结构体和与案例相关的功能函数，其中：

Student.c 文件用于实现 Student.h 头文件中定义的功能函数。

第 3～17 行代码实现了 menu() 函数，用于显示功能菜单。

第 18～46 行代码实现了 add()函数，用于完成添加记录的功能。函数内部用 do...while 循环不断输入学生记录，存储于 stu[]数组中，直到输入"N"结束输入。

第 47～54 行代码实现了 show()函数，用于输出某一个学生记录。后面实现的 showAll()函数与 search()函数，都是调用此函数完成学生记录的输出。

第 55～63 行代码实现了 showAll()函数，用于显示全部学生记录。在函数内部用 for 循环语句遍历 stu[]数组，将数组元素（学生记录）打印输出。在 for 循环内部调用的是 show()函数。

第 64～97 行代码实现了 modify()函数，用于修改学生记录。当输入学生姓名时，第 71～95 行代码用 for 循环遍历 stu[]数组，如果找到学生记录就修改其姓名、语文成绩、数学成绩信息，然后返回；如果没找到，则输出提示信息。

第 98～126 行代码实现了 del()函数，用于删除某一条学生记录。当输入学生学号时，第 105～124 行代码用 for 循环遍历 stu 数组，如果找到学生记录，例如在位置 i 处，则将位置 i+1 处的记录移动到位置 i 处，这样就将 i 位置处的记录删除了，而后面的记录要依次往前移动，填补空位。

如果 for 循环遍历结束，没有找到学生记录，则输出提示信息。

第 127～145 行代码实现了 search()函数，用于查找某一条学生记录。当输入学生姓名时，用 for 循环遍历数组 stu[]，如果找到，则输出此学生记录。如果 for 循环遍历结束，没有找到相应学生记录，则输出提示信息。

第 146～165 行代码实现了 sort()函数，完成对学生记录按总成绩的排序。函数内部实现为冒泡排序。

main.c 文件实现了 main()函数，用于控制整个程序的运行流程，其中：

第 6 行和第 7 行代码分别定义了学生数组 stu[]与需要的变量。

第 8～44 行代码，在 while 循环中调用 switch 语句，控制菜单功能的选择，直到输入 0 时，程序运行结束。

本章小结

本章主要讲解了结构体和共用体两种构造类型。结构体允许将若干个相关的、数据类型不同的数据作为一个整体处理，并为每个数据分配了不同的内存空间；而共用体中所有的成员共享同一段内存空间。另外，还介绍了结构体指针、结构体数组和链表的相关知识，并应用在案例中。通过本章的学习，读者应熟练掌握结构体和共用体的基本概念和使用方法以及链式存储的相关知识，并将其灵活运用到程序中。

【思考题】

1. 请简述结构体类型和共用体类型的异同。
2. 请分析结构体数组与链表的区别。

10 Chapter

The C Programming Language

第 10 章
文件

学习目标

- 了解计算机中流和文件的概念
- 了解文件分类与缓冲区的作用
- 掌握如何使用文件指针引用文件
- 掌握文件位置指针的使用方式
- 掌握文件的打开、关闭与读写操作

相信大家对文件都不陌生，在现实世界中，一个 Word 文档，一张 Excel 表格等都可以称作文件，这些文件是可见、可读、可写的，而在计算机中，既有可以看到、读到的文件，也有只能读不能写，甚至不可见的文件。本章就来学习计算机中文件的相关知识以及对文件的操作方法。

【案例 1】　保存学生信息

案例描述

新学年伊始，许多大一新生来校报道，为了方便对学生信息的统一管理，校方需要将学生的相关信息制作成学生信息表，存储到磁盘中。学生信息表中包含学号、姓名、年龄、性别四项信息，编程实现学生信息表的文本形式存储和二进制形式存储，并将生成的文件存储到 D 盘的 Stu 文件夹中。

案例分析

本案例中学生信息的存储不借助既定的表格（如 Excel），而是将学生信息直接存储到文本文件或二进制文件中。在进行存储之前，应先有文件，因为要存储到两种形式的文件中，所以分别创建两个文件。在存储学生信息时，可以以每位学生的每一项信息为单位进行存储，也可以构造学生信息结构体，以每位学生的所有信息为单位进行存储。

在实现学生信息存储之前，需要先了解计算机中文件及文件存储的相关知识，以及针对计算机文件的相关操作，下面将针对所需知识逐一讲解。

必备知识

1. 计算机中的流

在 C 语言中，将在不同的输入/输出等设备（键盘、内存、显示器等）之间进行传递的数据抽象为"流"。例如，当在一段程序中调用 scanf()函数时，会有数据经过键盘流入存储器；当调用 printf()函数时，会有数据从存储器流向屏幕。流实际上就是一个字节序列，输入函数的字节序列被称为输入流，输出函数的字节序列被称为输出流。"流"如同流动在管道中的水，抽象的输入流和输出流如图 10-1 所示。

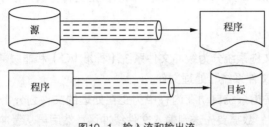

图10-1　输入流和输出流

根据数据形式，输入输出流可以被细分为文本流（字符流）和二进制流。文本流和二进制流之间的主要差异是，在文本流中输入输出的数据是字符或字符串，可以被修改，而二进制流中输入输出的是一系列二进制的 0、1 代码，不能以任何方式修改。

2. 文件

（1）文件的概念

文件是指存储在外部介质上的数据的集合。一个文件需要有唯一确定的文件标识，以便用户根据标识找到唯一确定的文件，方便用户对文件的识别和引用。文件标识包含三个部分，分别为文件路径、文件名主干、文件扩展名。图 10-2 所示为一个文件的完整标识，根据该标识可以找到 D:\itcast\chapter10 路径下扩展名为.dat，文件名为 example 的二进制文件。

操作系统以文件为单位，对数据进行管理，若想找到存放在外部介质上的数据，必须先按照文件名找到指定的文件，再从文件中读取数据。

D: \itcast\chapter10\example.dat

路径　　　　　　　　文件名主干 扩展名

图10-2　文件标识

（2）文件的分类

计算机中的文件分为两类，一类为文本文件，另一类为二进制文件。

文本文件又称为 ASCII 文件，该文件中一个字符占用一个字节，存储单元中存放单个字符对应的 ASCII 码。假设当前需要存储一个整数数据 112185，则该数据在磁盘上存放的形式如图 10-3 所示。

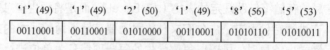

'1'(49)　'1'(49)　'2'(50)　'1'(49)　'8'(56)　'5'(53)

00110001	00110001	01010000	00110001	01010110	01010011

图10-3　文本文件存放形式

由图 10-3 可知，文本文件中的每个字符都要占用一个字节的存储空间，并且在存储时需要进行二进制和 ASCII 码之间的转换，因此使用这种方式既消耗空间，又浪费时间。

数据在内存中是以二进制形式存储的，如果不加转换地输出到外存，则输出文件就是一个二进制文件。二进制文件是存储在内存的数据的映像，也称为映像文件。若使用二进制文件存储整数 112185，则该数据首先被转换为二进制的整数，转换后的二进制形式的整数为 11011011000111001，此时该数据在磁盘上存放的形式如图 10-4 所示。

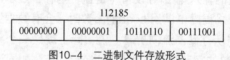

112185

00000000	00000001	10110110	00111001

图10-4　二进制文件存放形式

对比图 10-4 和图 10-3 可以发现，使用二进制文件存放时，只需要 4 字节的存储空间，并且不需要进行转换，如此既节省时间，又节省空间。但是这种存放方法不够直观，需要经过转换后才能看到存放的信息。

3. 文件的缓冲区

目前 C 语言使用的文件系统分为缓冲文件系统（标准 I/O）和非缓冲文件系统（系统 I/O）。ANSI C 标准采用"缓冲文件系统"处理文件。

所谓缓冲文件系统是指系统自动在内存中为正在处理的文件划分出了一部分内存作为缓冲区。当从磁盘读入数据时，数据要先送到输入文件缓冲区，然后再从缓冲区逐个把数据传送给程序中的变量；当从内存向磁盘输出数据时，必须先把数据装入输出文件缓冲区，装满之后，才将数据从缓冲区写到磁盘。

使用文件缓冲区可以减少磁盘的读写次数，提高读写效率。通过文件缓冲区读写文件的过程如图 10-5 所示。

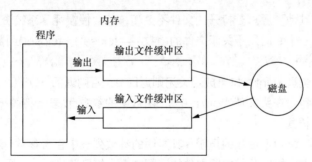

图10-5　文件缓冲区中文件读写过程

4. 文件指针

在 C 语言中，所有的文件操作都必须依靠指针来完成，因此在对文件进行操作之前，必须先使指针与文件建立联系。

文件指针的定义格式如下：

```
FILE *变量名;
```

假设定义一个名为 fp 的文件指针，则其格式如下：

```
FILE *fp;
```

以上定义中，fp 为一个指向 FILE 类型数据的指针变量，但该指针尚未与文件建立联系。通常使用 fopen()函数为文件指针变量赋值。

一个文件指针变量只能指向一个文件，也就是说，要操作多少个文件，就要定义同样数量的文件指针。

5. 文件的打开与关闭

在对文件进行读写之前，需要先打开文件；读写结束之后，则要及时关闭文件。

（1）打开文件

C 语言提供了一个专门用于打开文件的函数——fopen()函数，该函数的函数原型如下：

```
FILE* fopen(char* filename,char* mode);
```

其中返回值类型 FILE*表示该函数返回值为文件指针类型；参数 filename 用于指定文件的绝对路径，即用来确定文件包含路径名、文件名主干和扩展名的唯一标识；参数 mode 用于指定文件的打开模式。

文件正常打开时，函数返回指向该文件的文件指针；文件打开失败时，函数返回 NULL。一般在调用该函数之后，为了保证程序的健壮性，会进行一次判空操作。文件调用的方式如下：

```
FILE* fp;                          //定义文件指针
fp=fopen("D:\\test.txt","r");      //打开文件，初始化文件指针
if(fp==NULL)                       //判空操作
{
    printf("File open error!\n");
    exit(0);
}
```

（2）关闭文件

类似于在堆上申请内存，文件在打开之后也需要一步对应操作，即关闭文件。关闭文件的目

的是释放缓冲区以及其他资源。若打开的文件不关闭，将会慢慢耗尽系统资源。

C 语言中提供了一个专门用于关闭文件的函数——fclose()。fclose()函数的函数原型如下：

```
int fclose(FILE *fp);
```

该声明的返回值类型为 int，如果成功关闭则返回 0，否则返回 EOF（"end of file"的缩写，是文件结束的标识，包含在头文件 stdio.h 中），函数中的参数 fp 表示待关闭的文件。

（3）文件的打开模式

在（1）中给出了 fopen()函数的声明，其声明的参数列表中包含参数 mode，该参数用于确定文件的打开模式。文件的打开模式即文件的读写方式，如只读模式、只写模式等。常用的文件打开模式如表 10-1 所示。

表 10-1　文件打开模式

打开模式	名称	描述
r/rb	只读模式	以只读的方式打开一个文本文件/二进制文件，如果文件不存在或无法找到，fopen()函数调用失败，返回 NULL
w/wb	只写模式	以只写的方式创建一个文本文件/二进制文件，如果文件已存在，重写文件
a/ab	追加模式	以只写的方式打开一个文本文件/二进制文件，只允许在该文件末尾追加数据，如果文件不存在，则创建新文件
r+/rb+	读取/更新模式	以读/写的方式打开一个文本文件/二进制文件，如果文件不存在，fopen()函数调用失败，返回 NULL
w+/wb+	写入/更新模式	以读/写的方式创建一个文本文件/二进制文件，如果文件已存在，则重写文件
a+ab+	追加/更新模式	打开一个文本/二进制文件，允许进行读取操作，但只允许在文件末尾添加数据，若文件不存在，则创建新文件

在对文件进行操作时，需要根据本次操作的目的，使用不同的模式打开文件。

6. 写文件

文件分为文本文件和二进制文件，因为它们的存放形式不同，所以写文件的方法也不一样。

（1）写文本文件

在对文本文件进行写操作时，主要用到两个函数，分别为：fputc()函数和 fputs()函数。

① fputc()函数

fputc()函数用于向文件中写入一个字符，其函数原型如下：

```
int fputc(char ch,FILE *fp);
```

其中 ch 表示写入的内容，fp 表示待写入文件的指针，int 表示返回值类型。假设将字符'a'写入文件 f，则使用 fputc()函数写入字符的语句表示如下：

```
fputc('a',f);
```

② fputs()函数

使用 fputs()函数可以向文件中写入一个字符串（不自动写入字符串结束标记符'\0'），成功写入一个字符后，文件位置指针会自动后移，函数返回值为非负整数，否则返回 EOF。其函数原型如下：

```
int fputs(const char* str,FILE *file);
```

其中参数 str 表示待写入的一行字符串；参数 file 表示待写入文件的指针；int 表示返回值类型。

使用 fputs()函数的方式如下：

```
char buf[30]="张三";
fputs(buf,f);
```

以上两行代码表示将字符数组 buf 保存的字符串写入文件 f。

（2）写二进制文件

对二进制文件进行写操作主要使用 fwrite()函数，fwrite()函数用于以二进制形式向文件中写入数据，其函数原型如下：

```
unsigned int fwrite(const void* str,unsigned int size,unsigned int count,
FILE* file);
```

其中参数 str 表示待写入数据的指针；参数 size 表示待写入数据的字节数；参数 count 表示待写入数据的个数；参数 file 表示指向待写入数据的文件指针；返回值类型 unsigned int 表示函数返回值的类型为无符号整型。

需要注意的是，二进制文件读写是在内存和二进制文件之间传送二进制形式的数据，文本模式下具有特殊意义的字符（如'\n'、'\0'），在二进制模式下没有意义。

（3）fprintf()函数

除了从输入设备写入数据，还能从字符串中获取数据，写入文件中。使用字符串写入数据时需要用到 fprintf()函数，其函数原型如下：

```
int fprintf(FILE* file,const char *format,…);
```

其中参数 file 表示文件指针，该指针指向需要写入字符串的文件；参数 format 表示规定字符串输出的格式；返回值类型 int 表示函数返回值的类型为整型。该函数根据指定的字符串格式，将获取的字符串传入指定的文件。

举例说明该函数的用法：

```
fprintf(fp,"I am a %s,I am %d years old.","student",18);
```

其中 fp 为一个文件指针，字符串类型的数据"student"和整型数据"18"分别对应第二个参数中的"%s"和"%d"，最后被保存到文件 fp 中的文本为"I am a student,I am 18 years old."。

案例实现

1. 案例设计

数据将被保存在文本文件和二进制文件中，因此需要针对文本文件和二进制文件分别执行打开、写入和关闭操作。程序中先定义一些表示学生信息的变量，然后先打开一个文本文件，使用 fputs()函数、fputc()函数和 fprintf()函数向其中写入数据，数据写完之后使用 fclose()函数关闭文件；之后打开一个二进制文件，使用 fputs()函数、fputc()函数和 fwrite()函数写入数据，数据写完之后使用 fclose()函数关闭文件。

2. 完整代码

```
1   #include <stdio.h>
2   #include <stdlib.h>
3   #include <string.h>
4   typedef struct Student
5   {
```

```
6       int sno;                                    //学号
7       char name[20];                              //姓名
8       int age;                                    //年龄
9       char sex[5];                                //性别
10 }Stu;
11 int main()
12 {
13     FILE *fp1, *fp2;                             //定义文件指针
14     Stu stu;                                     //定义学生结构体
15     int no = 1001;
16     char name[20] = "张三";
17     int age = 18;
18     char sex[5] = "男";
19     //文本文件操作
20     fp1 = fopen("C:\\Users\\admin\\Desktop\\file1.txt", "w"); //打开文件1
21     if (fp1 == NULL)
22     {
23         printf("不能打开文件 file1.txt\n");
24         return -1;
25     }
26     fputs(name, fp1);
27     fputc('\n', fp1);
28     fprintf(fp1, "%d %s %d %s\n", no, name, age, sex);
29     fclose(fp1);                                 //关闭文件 file1
30     //二进制文件操作
31     fp2 = fopen("C:\\Users\\admin\\Desktop\\file2.dat", "wb"); //打开文件 2
32     if (fp2 == NULL)
33     {
34         printf("不能打开文件 file2.dat\n");
35         return -2;
36     }
37     stu.sno = 1001;
38     strcpy(stu.name, "张三");
39     stu.age = 20;
40     strcpy(stu.sex, "男");
41     fwrite(&stu, sizeof(Stu), 1, fp2);
42     fclose(fp2);                                 //关闭文件 2
43     return 0;
44 }
```

程序执行之后，将会在桌面生两个文件，其中 file1.txt 为文本文件，file2.dat 为二进制文件。文本文件可使用系统自带的记事本打开，file1 中的内容如图 10-6 所示。

而 file2.dat 文件需要以二进制方式打开，记事本是以文本形式打开的，使用记事本打开 file2.dat 文件会显示乱码。

图10-6　file1.txt文件

3. 代码详解

第 4～10 行代码定义了一个学生结构体 Stu，用来表示学生表中的学生信息；第 13 行代码定义了两个文件指针，分别指向第 20 行代码创建的文本文件和第 31 行代码创建的二进制文件；第 14 行代码定义了一个学生结构体变量，第 14～18 行代码定义了学生信息表中对应的信息；第 21～25 行代码和第 32～36 行代码分别判断 fp1 和 fp2 指向的文件是否成功打开；第 26～28 行代码将第 15～18 行代码定义并初始化的变量写入文本文件 fp1；第 29 行代码和第 42 行代码分别关闭文件 1 和文件 2；第 37～40 行代码初始化了第 14 行代码定义的学生结构体变量，第 41 行代码将其写入了二进制文件 fp2 中。

需要注意的是，在打开文件时，若文件不存在，指定文件的路径必须存在，否则无法成功创建文件。例如在本案例的实现中，若 Stu 文件夹不存在，则文件将打开失败。

【案例 2】读取学生信息

案例描述

信息的存储是为了方便对信息的重复使用。一般对信息的操作包含增加、删除、修改和查询这四项，这四项操作都基于已存在的文件。本案例的目标是实现学生信息的读取，要求从案例 1 生成的文件中，读取学生信息，输出到屏幕上。

案例分析

本案例的实现基于案例 1 中已存在的文件，通过案例 1 的学习可知，在对文件进行操作之前需要先打开文件，之后才能逐一读取文件中的内容。案例 1 中生成了两个文件，一个为文本文件，一个为二进制文件，因为其存放形式不同，所以在打开时需要使用不同的打开模式。

必备知识

1. 读文件

与写文件类似，针对不同的文件存放形式，读文件的方式也不相同。

（1）读文本文件

在对文本文件进行读操作时，主要用到两个函数，分别为：fgetc()函数和 fgets()函数。

① fgetc()函数

fgetc()函数用于从文件中读取一个字符，其函数原型如下：

```
char fgetc(FILE *fp);
```

其中 fp 表示被读取的文件，char 表示返回值类型，该函数返回一个字符类型的数据，可被外部变量接收。假设从文件 fp 中成功读取一个字符，则使用 fgetc()函数读出字符的语句应如下：

```
char a=fgetc(fp);
```

使用 fgetc()函数读出的字符被字符型变量 a 接收。

② fgets()函数

fgets()函数每次从文件中读取一行字符串，或读取指定长度的字符串。其函数原型如下：

```
char* fgets(char* buf,int maxCount,FILE* file);
```

其中参数 buf 为一个字符数组，用来存储读到的字符串；参数 maxCount 指定存储数据的大小；参数 file 为将要读取的文件的指针。该函数每次从 file 指针指向的文件中读取一行，若该行字符的数量小于等于 maxCount−1（第 maxCount 个字符为'\0'），则 fgets()函数返回该行的内容；若该行字符的数量大于 maxCount−1，则 fgets()函数只返回该行的 maxCount−1 个字符，fgets()函数的下一次调用将继续读取该行。

（2）读二进制文件

对二进制文件进行读操作主要使用 fread()函数，fread()函数用于在程序中以二进制的形式读取文件，其函数原型如下：

```
unsigned int fread(void* dstBuf,unsigned int elementSize,
                              unsigned int count,FILE* file);
```

其中参数 desBuf 用于存储待接收数据的指针；参数 elementSize 表示要接收的数据项的字节数；参数 count 表示每次函数运行时要读取的数据项的个数；参数 file 为指向源文件的文件指针；返回值类型 unsigned int 表示函数返回值的类型为无符号整型。

该函数每次最多从文件中读取 count 个大小为 elementSize 的元素，并返回读取的元素个数 count。

（3）fscanf()函数

fscanf()函数用于从文件中格式化地读取数据，其函数原型如下：

```
int fscanf(FILE* file,const char * format,…);
```

其中参数 file 表示指向文件的指针，参数 format 表示文件中的字符串输出时遵循的格式；返回值 int 表示函数返回值类型为整型。如果该函数调用成功，则返回输入的参数的个数；否则返回 EOF。

举例说明该函数的用法：

```
fscanf(fp,"%s%d",work,&age);
```

其中 fp 为文件指针，"%s%d" 为格式控制，work 为一个字符数组变量的指针，age 为一个整型变量。此条语句的作用是，从文件 fp 中读取一个字符串和一个整型数据，分别赋值给 work 和 age。需要注意的是，因为数据只能从实参传递给形参，其中的参数应为指针变量，所以需要对整型变量 age 进行取址操作。

2. 文件位置指针

为了对读写进行控制，系统为每个文件设置了一个位置指针，用于指示文件当前读写的位置，该指针被称为文件位置指针。

当从文件头部开始，对文件进行顺序读写时，文件位置指针伴随着读写过程逐个后移，每读写一个数据，位置指针后移一个位置。下次读写开始时，系统会从文件位置指针指向的位置开始读写文件。

文件位置指针也可以人为移动，实现文件的随机读写。常用的控制文件位置指针的函数有三个：

（1）fseek()函数

fseek()函数的作用是将文件位置指针移动到指定位置，其函数原型如下：

```
int fseek(FILE* fp,long offset,int origin);
```

其中参数 fp 表示指向文件的指针；参数 offset 表示以参数 origin 为基准使文件位置指针移动的偏移量；参数 origin 表示文件位置指针的起始位置，它有三个枚举值：

- SEEK_SET：该参数对应的数值为 0，表示从文件起始位置开始偏移。
- SEEK_CUR：该参数对应的数值为 1，表示相对于文件位置指针当前所在位置进行偏移。
- SEEK_END：该参数对应的数值为 2，表示相对于文件末尾进行偏移。

在调用该函数时，若调用成功则会返回 0，若有错误则会返回-1。该函数一般用于二进制文件，因为对文本文件进行操作时，需要进行字符转换，对位置的计算可能会发生错误。

（2）rewind()函数

rewind()函数可以将文件位置指针移动到文件的开头，其函数原型如下：

```
void rewind(FILE* fp);
```

其中参数 fp 是指向文件的指针，void 是该函数的返回值类型。

（3）ftell()函数

ftell()函数的功能是获取文件位置指针当前指向的位置，其函数原型如下：

```
long ftell(FILE* fp);
```

其中参数 fp 为指向文件的指针，long 表示返回值类型。需要注意的是，ftell()函数若调用成功，将返回文件位置指针当前所在的位置；若调用失败，则返回-1。

除了本章所讲解的文件操作函数之外，其他常用的操作文件的函数请参考附录 V。

案例实现

1. 案例设计

读取文件之前应保证文件已经存在，本案例设计读取案例 1 中生成的文件。文件读取时同样需要打开和关闭，本案例中将使用不同的打开模式打开文本文件和二进制文件，之后分别使用 fgetc()和 fscanf()函数获取文本文件中的内容，使用 fread()函数读取二进制文件中的内容。

2. 完整代码

```
1   #include <stdio.h>
2   #include <stdlib.h>
3   typedef struct Student
4   {
5       int sno;
6       char name[20];
7       int age;
8       char sex[5];
9   }Stu;
10  int main()
11  {
12      FILE *fp1, *fp2;
13      int no, age;
14      char name[20];
```

```
15      char sex[5];
16      char c;
17      Stu s;
18      fp1 = fopen("C:\\Users\\admin\\Desktop\\file1.txt", "r");
19      if (fp1 == NULL)
20      {
21          printf("文件 1 打开失败！");
22          return -1;
23      }
24      printf("文本文件:\n");
25      fgets(name, 10, fp1);
26      printf("第一行\n%s\n%", name);
27      fscanf(fp1, "%d%s%d%s", &no, name, &age, &sex);          //格式化输出
28      printf("第二行:\n%-5d%-5s%-5d%-5s\n\n", no, name, age, sex);
29      fp2 = fopen("C:\\Users\\admin\\Desktop\\file2.dat", "rb");
30      if (fp2 == NULL)
31      {
32          printf("文件 2 打开失败！\n");
33          return -2;
34      }
35      fread(&s, sizeof(Stu), 1, fp2);
36      printf("二进制文件:\n");
37      printf("%d %s %d %s\n", s.sno, s.name, s.age, s.sex);
38      fclose(fp1);
39      fclose(fp2);
40      return 0;
41  }
```

运行结果如图 10-7 所示。

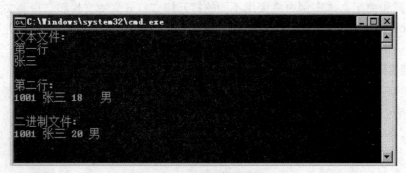

图10-7　【案例2】执行结果

3. 代码详解

第 3~9 行代码定义了学生结构体；第 12 行代码定义了两个文件指针，分别指向第 18 行代码的文本文件和第 29 行代码的二进制文件；第 13~17 行代码定义了学生信息表中的相关变量和学生结构体变量；第 19~23 行代码和第 30~34 行代码分别判断文件 1 和文件 2 是否成功打开；

第 25 行代码使用 fgets()函数从文件 1 中读取第一行中 10 字节的数据，结合文本文件内容

可知，在使用 fgets()函数之后，第一行的数据"张三"读取完毕，所以文件位置指针此时处于第二行开头；第 27 行代码使用 fscanf()函数继续从文本文件中读取数据，因为文件位置指针在第二行，所以此时读取的为第二行的数据，读取的数据被存储在之前定义的学生信息表对应的变量中，第 28 行代码格式化输出获取的数据；

第 35 行代码使用 fread()函数读取二进制文件中的数据，因为二进制文件 fp2 中存储的是一个学生结构体，所以参数 s 指向学生结构体的头部，本次读取的数据长度为一个 Stu 结构体的长度，共读取 1 条信息；

第 38 行代码和第 39 行代码分别关闭文件 1 和文件 2。

【案例 3】 删除指定学生信息

案例描述

编程实现学生成绩的存储和删除，具体要求如下：

（1）根据输入的路径和文件名创建或打开文件，通过输入设备输入多条学生信息，将输入的学生信息保存到磁盘文件中；

（2）根据用户输入的学生姓名，删除成绩表中对应的记录。

案例分析

存储一条信息的方法在案例 1 中已经实现，本案例中需要实现的是存储多条信息到文件中，与案例 1 的不同在于在打开和关闭文件之间将会进行多次读写操作。

删除信息的基本方法是：将文件中的数据读到辅助变量中，检测辅助变量中是否包含要删除的信息，如果有，则删除此条信息，然后以重写的方式打开文件，使用辅助变量中的数据覆盖原文件中的数据。

经过以上分析可知，删除学生信息的主要步骤依然是文件信息的读写。文件信息的读写方式在案例 1 和案例 2 中已经学习，本案例不再赘述。

案例实现

1．案例设计

首先实现信息的写入和存储：

（1）构造学生结构体，结构体中包含学生姓名和成绩；

（2）定义一个学生结构体变量数组，保存写入的每一条学生信息；

（3）使用追加方式打开/新建一个二进制文件，将结构体数组中的数据逐条写入文件中。

其次实现信息的删除：

（1）由用户输入一个学生姓名；

（2）以只读的方式打开已经存在的文件，将文件中的信息存储到学生结构体变量数组中，关闭文件；

（3）检测数组中是否包含要删除的信息，若有则删除，在此之前设置一个标志位，用来记录本次操作是否找到了学生信息并执行了删除操作；

（4）若找到了学生信息，则使记录学生信息数量的变量减 1；若是没有找到学生信息，则使用户重新输入；

（5）以重写的方式打开文件，将数组中的信息写入文件，之后关闭文件。

2. 完整代码

```
1   #include <stdio.h>
2   #include <string.h>
3   //学生结构体
4   struct student
5   {
6       char sname[20];
7       int sco;
8   }Stu,stu[20];
9   int main()
10  {
11      FILE *fp1, *fp2;
12      int i, j, n, flag;
13      char name[10], filename[50];          //定义字符型数组，存放学生姓名和文件名
14      printf("请输入文件名:\n");
15      scanf("%s", filename);                      //输入文件路径及文件名
16      printf("请输入学生人数:");
17      scanf("%d", &n);                            //输入要录入信息的学生数量
18      printf("请输入学生姓名和成绩: \n");
19      for (i = 0; i < n; i++)
20      {
21          printf("NO%d:\n", i + 1);
22          scanf("%s%d", stu[i].sname, &stu[i].sco);   //输入学生姓名和成绩
23      }
24      if ((fp1 = fopen(filename, "ab")) == NULL)  //以追加的方式打开二进制文件
25      {
26          printf("无法打开文件.");
27          return -1;
28      }
29      for (i = 0; i < n; i++)
30      {
31          if (fwrite(&stu[i], sizeof(Stu), 1, fp1) != 1) //将信息写入磁盘文件
32              printf("error\n");
33      }
34      fclose(fp1);
35      if ((fp2 = fopen(filename, "rb")) == NULL)
36      {
37          printf("无法打开文件.");
38          return -1;
39      }
40      printf("\n 初始数据表");
41      //将磁盘中的数据读到 stu[]数组中
42      for (i = 0; fread(&stu[i], sizeof(Stu), 1, fp2) != 0; i++)
```

```
43          printf("\n%8s%7d", stu[i].sname, stu[i].sco);
44      n = i;
45      fclose(fp2);
46      start:
47      printf("\n 请输入要删除的学生名：");
48      scanf("%s", name);
49      for (flag = 1, i = 0; flag&&i < n; i++)//在数组中找到对应学生信息并删除
50      {
51          if (strcmp(name, stu[i].sname) == 0)          //找到学生信息
52          {
53              for (j = i; j < n - 1; j++)              //移动学生信息
54              {
55                  strcpy(stu[j].sname, stu[j + 1].sname);
56                  stu[j].sco = stu[j + 1].sco;
57              }
58              flag = 0;
59          }
60      }
61      //判断是否成功删除
62      if (!flag)
63          n = n - 1;
64      else
65      {
66          printf("\n 学生信息未找到! ");
67          goto start;
68      }
69      printf("\n 当前数据表");
70      fp2 = fopen(filename, "wb");                    //以只写模式打开文件
71      for (i = 0; i < n; i++)                         //将数组中的信息写入文件
72          fwrite(&stu[i], sizeof(Stu), 1, fp2);
73      fclose(fp2);                                    //关闭文件
74      fp2 = fopen(filename, "rb");                    //以只读模式打开文件
75      for (i = 0; fread(&stu[i], sizeof(Stu), 1, fp2) != 0; i++)//输出数据
76          printf("\n%8s%7d", stu[i].sname, stu[i].sco);
77      fclose(fp2);
78      printf("\n");
79      return 0;
80  }
```

运行结果如图 10-8 所示。

3. 代码详解

对应案例设计，第 4~8 行代码定义了一个学生结构体；之后为主函数部分，其中第 11~13 行代码定义了程序中将会用到的变量；第 15 行代码和第 17 行代码通过 scanf()函数获取文件名和学生数量；第 19~23 行代码通过一个循环，逐条获取 scanf()函数中传入的学生信息，并将信息保存在之前定义的结构体数组 stu[]中；第 24~34 行代码的功能为存储学生信息到文件；第 35~77 行代码的功能为删除学生信息。

图10-8 【案例3】的运行结果

【案例4】 综合案例——文件加密

案例描述

近些年来，由于信息泄露造成财产损失的事件时有发生。随着科技的发展，信息的传播与获取越来越方便，为了防止因信息泄露造成的各种危机，信息加密技术应得到充分的重视。本案例要求设计程序，对已经存在的文件进行加密和解密。

案例分析

文件加密的目的是保证信息的安全，加密的原理是根据某种原则，对源文件中的信息进行修改，使加密后的文件在与源文件仍保持联系的情况下，不会直接反映出源文件中存储的信息，并且加密后的文件能根据某种原则，还原出源文件的内容。

案例实现

1. 案例设计

根据案例分析，本案例中的文件可分为三个：源文件、加密文件和解密后的文件。

本案例中考虑使用异或的方式对源文件进行加密，即逐个获取源文件中的字符，使其与设定的密码进行异或运算。为了保证源文件的完整，这里将加密后的信息存放到新的文件中，也就是将运算的结果存储到加密文件。

若要根据加密文件获取源文件中存储的信息，需要逐个读取加密文件中的字符，使其与密码再次异或，获取解密后的信息。

本案例实现一个简单的加密解密程序。文件加密的方式有很多种,读者可自行设计加密方案。但要注意该方案应可逆,即可以根据某种原则还原加密文件,获取源文件信息,否则加密将失去意义。

2. 完整代码

```
1   #include <stdio.h>
2   #include <stdlib.h>
3   #include <string.h>
4   //加密函数
5   void encrypt(char *sfile, char *cfile)
6   {
7       printf("文件加密中...\n");
8       int i = 0;
9       //定义两个文件指针,分别指向源文件和加密后的文件
10      FILE *fp1, *fp2;
11      int ch;                            //记录从源文件中获取的字符
12      //以只读的方式打开源文件
13      fp1 = fopen(sfile, "rb");
14      if (fp1 == NULL)
15      {
16          printf("无法打开源文件%s\n",sfile);
17          return;
18      }
19      //以只写的方式打开加密文件
20      fp2 = fopen(cfile, "wb");
21      if (fp2 == NULL)
22      {
23          printf("无法打开加密文件%s\n", cfile);
24          return;
25      }
26      ch = fgetc(fp1);                   //从源文件中读取一个字符
27      while (!feof(fp1))
28      {
29          //采用异或方式,使用密码"123+i"对字符逐个加密
30          ch = (123 + i) ^ ch;
31          i++;
32          fputc(ch, fp2);                //将加密后的字符写入加密文件 fp2
33          ch = fgetc(fp1);               //继续从源文件中获取字符
34          if (i > 5)
35              i = 0;
36      }
37      printf("加密完成! \n");
38      //关闭文件
39      fclose(fp1);
40      fclose(fp2);
41  }
42  //解密函数
```

```
43 void decrypt(char *cfile, char *dfile)
44 {
45     int i = 0;
46     //定义两个文件指针，分别指向加密文件和解密后的文件
47     FILE *fp1, *fp2;
48     int ch;
49     //以只读的方式打开加密文件
50     fp1 = fopen(cfile, "rb");
51     if (fp1 == NULL)
52     {
53         printf("无法打开加密文件%s\n", cfile);
54         return;
55     }
56     //以只写的方式打开解密后的文件
57     fp2 = fopen(dfile, "wb");
58     if (fp2 == NULL)
59     {
60         printf("无法打开解密后的文件%s\n", cfile);
61         return;
62     }
63     //解密
64     ch = fgetc(fp1);                          //获取文件 fp1 中的字符
65     while (!feof(fp1))
66     {
67         ch = (123 + i) ^ ch;                 //对已加密的字符逐个解密
68         i++;
69         fputc(ch, fp2);                      //将解密后的字符写入文件 fp2
70         ch = fgetc(fp1);
71         if (i > 5)
72             i = 0;
73     }
74     //关闭文件
75     fclose(fp1);
76     fclose(fp2);
77 }
78 int main()
79 {
80     //定义源文件、加密文件、解密后的文件
81     char sourcefile[50];
82     char codefile[50];
83     char decodefile[50];
84     printf("请输入源文件的文件名：\n");
85     gets(sourcefile);
86     printf("请输入加密文件的文件名：\n");
87     gets(codefile);
88     //调用加密函数对源文件进行加密
89     encrypt(sourcefile, codefile);
```

```
90      //文件解密
91      printf("请输入解密后的文件名:\n");
92      gets(decodefile);
93      //调用解密函数对加密文件进行解密
94      decrypt(codefile, decodefile);
95      return 0;
96 }
```

运行结果如图 10-9 所示。

图10-9 【案例4】的运行结果

在程序执行的过程中用到了三个文件，分别为源文件 sfile.txt、加密文件 cfile.txt 和解密后的
文件 dfile.txt，对应的文件内容分别如图 10-10、图 10-11、图 10-12 所示。

图10-10   源文件sfile.txt

图10-11   加密文件cfile.txt

图10-12   解密后的文件dfile.txt

在程序运行之前要求源文件必须已存在且不能为空。本案例中的文件名不包含文件路径，生
成的文件都存储在本项目的目录下。

3. 代码详解

案例 4 的代码分为 3 部分，即主函数部分、加密函数部分和解密函数部分。第 78～96 行代
码为主函数部分，主函数中用户手动输入源文件、加密文件和解密后的文件的文件名，并实现加
密函数和解密函数的调用。第 5～41 行代码为加密函数，加密函数中使用简单的异或运算对源文
件进行加密，并将加密后的信息存储到加密文件中。第 42～77 行代码为解密函数，同样使用异
或运算将加密的文件解密，将解码后的信息存储到解密后的文件中。

【案例5】 综合案例——图书管理系统

案例描述

随着科技的发展、计算机的普及，计算机软件在诸多领域都得到了广泛的应用。如今，管理系统不再是大公司的专利，许多小型的管理系统，如餐厅的餐饮管理系统、超市的收银系统、学校的学生选课系统等都已逐步普及到了我们的生活中。

本案例要求实现一个基于单链表的图书管理系统，该系统可实现图书信息的增加、浏览、查询、更新、删除这五项功能，并能将链表中存储的数据保存到文件中。

案例分析

本案例要求实现基于单链表的图书管理系统，并能实现增删改查这几项基本功能。第9章的案例 6 对单链表的定义与基础操作进行了详细的讲解，掌握单链表的基础操作是完成本案例的前提。另外图书信息应包含多项数据，所以链表结点中应为结构体类型的数据。当需要将链表中的数据保存到本地时，可以使用文件读写函数将数据写入创建的文件中。

案例实现

1. 案例设计

本案例包含多项功能，为了保证代码结构完整，脉络清晰，本案例的每个功能将被模块化为一个函数，在主函数中根据用户的选择，调用对应的功能。

本案例的功能函数如下。

（1）图书信息录入。该函数应实现增加数据的功能，其实质为链表结点的添加。

（2）图书信息浏览。该函数应实现链表中书籍信息的输出，其实质为链表的遍历。

（3）图书信息查询。该函数应能根据用户输入的某项信息，查找判断链表中是否存在相应记录，并将查找结果输出。

（4）图书信息修改。该函数应能根据用户输入的某项信息，找到对应记录，并修改记录中保存的信息。

（5）图书信息删除。该函数借助查询功能，查找链表中的数据，并将找到的数据对应的结点从链表中删除。

（6）图书信息保存。该函数应能将链表中的数据写入文件。

（7）创建书单。上述（1）~（6）这 6 个功能都依赖于链表，本案例设计使用链表来存储图书信息，在执行各项功能之前应先实现一个链表。

（8）菜单函数。本函数可展示功能菜单，提供用户与程序交互的入口。

2. 完整代码

StuManage.h//头文件

```
1   #include <stdio.h>
2   typedef struct book
3   {
```

```
4        char bnum[10];                              //书籍编号
5        char bname[30];                             //书名
6        char bauthor[20];                           //作者
7        char bclassfy[10];                          //类别编号
8        float bprice;                               //价格
9        struct book* next;                          //链表指针
10   }BookInfo;
11   BookInfo* CreateBooksList();                     //创建链表
12   void Insert(BookInfo* head);                     //插入
13   void Delete(BookInfo* head);                     //删除
14   void Print(BookInfo* head);                      //浏览
15   void Search(BookInfo* head);                     //查询
16   void Update(BookInfo* head);                     //修改
17   void Save(BookInfo* head);                       //保存
18   int menu();                                      //菜单
```

StuManage.c//函数定义

```
1    #define _CRT_SECURE_NO_WARNINGS
2    #include "StuManage.h"
3    #include <stdlib.h>
4    #include <string.h>
5    //创建书单
6    BookInfo* CreateBooksList()
7    {
8        BookInfo* head;
9        head = (BookInfo*)malloc(sizeof(BookInfo));    //为头结点分配空间
10       head->next = NULL;                             //初始化头指针
11       return head;
12   }
13   //插入记录
14   void Insert(BookInfo* head)
14   {
16       BookInfo *b, *p;
17       char flag = 'Y';
18       p = head;
19       while (p->next != NULL)
20           p = p->next;
21       //开辟新空间，存储书籍信息，并加入链表
22       while (flag == 'Y' || flag == 'y')
23       {
24           b = (BookInfo*)malloc(sizeof(BookInfo));    //开辟新空间
25           printf("请输入图书编号: ");                   //获取书籍信息
26           fflush(stdin);                              //清空缓冲区
27           scanf("%s", b->bnum);
28           printf("请输入书名: ");
29           fflush(stdin);
30           scanf("%s", b->bname);
```

```
31              printf("请输入作者: ");
32              fflush(stdin);
33              scanf("%s", b->bauthor);
34              printf("请输入类别编号: ");
35              fflush(stdin);
36              scanf("%s", b->bclassfy);
37              printf("请输入图书价格: ");
38              fflush(stdin);
39              scanf("%f", &b->bprice);
40              p->next = b;                         //将新增加的结点加入链表
41              p = b;                               //指针 p 向后移动，指向尾结点
42              b->next = NULL;
43              printf("添加成功! \n 继续添加? (Y/N):");
44              fflush(stdin);
45              scanf("%c", &flag);
46              if (flag == 'N' || flag == 'n')break;
47              else if (flag == 'Y' || flag == 'y')continue;
48         }
49      return;
50 }
51 //删除记录
52 void Delete(BookInfo* head)
53 {
54      BookInfo *b, *p;
55      char tmp[30];
56      int flag;                                    //标志位，判断是否找到了要删除的书籍
57      flag = 0;
58      b = head;
59      p = head;
60      printf("请输入要删除的书籍名: ");
61      fflush(stdin);
62      scanf("%s", tmp);
63      //遍历链表
64      while (p != NULL)
65      {
66          if (strcmp(p->bname, tmp) == 0)
67          {
68              flag = 1;
69              break;
70          }
71          p = p->next;
72      }
73      if (flag == 1)
74      {
75          for (; b->next != p;)
76              b = b->next;
77          b->next = p->next;
78          free(p);
79          printf("删除成功! \n");
80      }
```

```
81      else
82          printf("该书不存在! ");
83      return;
84  }
85  //浏览书单
86  void Print(BookInfo* head)
87  {
88      BookInfo *p;
89      if (head == NULL || head->next == NULL)          //判断链表是否为空
90      {
91          printf("无记录! \n");
92          return;
93      }
94      p = head;
95      printf("┌─────────────────────────────────────┐\n");
96      printf(" │编号│书名│作者│类别编号│价格│\n");
97      printf(" ├─────────────────────────────────────┤\n");
98      //遍历链表，输出书籍信息
99      while (p->next != NULL)
100     {
101         p = p->next;
102         printf(" │%-6s│%-10s│%-10s│%-10s│%.2lf   │\n", p->bnum,
103             p->bname, p->bauthor, p->bclassfy, p->bprice);
104         printf(" └─────────────────────────────────────┘\n");
105     }
106 }
107 //查找书籍
108 void Search(BookInfo* head)
109 {
110     BookInfo *p;
111     char tmp[30];
112     int flag = 0;
113     p = head;
114     if (head == NULL || head->next == NULL)
115         printf("清单为空! \n");
116     else
117     {
118         printf("请输入书名: ");
119         fflush(stdin);
120         scanf("%s", tmp);
121         while (p->next != NULL)
122         {
123             p = p->next;
124             if (strcmp(p->bname, tmp) == 0)
125             {
126                 flag = 1;                               //书籍已找到
127                 printf("编号:%s\n书名:《%s》\n作者:%s\n分类:%s\n价格:%.2f\n",
128                     p->bnum, p->bname, p->bauthor, p->bclassfy, p->bprice);
129                 return;
130             }
```

```
131            if (p->next == NULL)
132                printf("\n 查询完毕！");
133        }
134        if (flag == 0)
135            printf("没有找到《%s》！\n", tmp);
136    }
137    return;
138}
139//修改信息
140void Update(BookInfo* head)
141{
142    BookInfo *p;
143    int flag = 0;
144    char tmp[30];
145    p = head;
146    printf("请输入书名：");
147    fflush(stdin);
148    scanf("%s", tmp);
149    while (p->next != NULL)
150    {
151        p = p->next;
152        if (strcmp(p->bname, tmp) == 0)
153        {
154            flag = 1;                          //标志找到所要修改的书籍
155            printf("请输入编号：");
156            fflush(stdin);
157            scanf("%s", p->bnum);
158            printf("请输入书名：");
159            fflush(stdin);
160            scanf("%s", p->bname);
161            printf("请输入作者：");
162            fflush(stdin);
163            scanf("%s", p->bauthor);
164            printf("请输入类别编号：");
165            fflush(stdin);
166            scanf("%s", p->bclassfy);
167            printf("请输入价格：");
168            fflush(stdin);
169            scanf("%f", &p->bprice);
170        }
171    }
172    if (flag == 0)
173        printf("没有找到《%s》！\n", tmp);
174    return;
175}
176//保存书单到文件
177void Save(BookInfo* head)
178{
179    BookInfo *p;
180    FILE *fp;
```

```
181     p = head;
182     //以只写的方式打开文件
183     fp = fopen("C:\\Users\\admin\\Desktop\\bookslist.txt", "w");
184     fprintf(fp, "┌──────────────────────────────────┐\n");
185     fprintf(fp, "│编号│书名│作者│类别编号│价格│\n");
186     fprintf(fp, "├──┼──┼──┼────┼──┤\n");
187     while (p->next != NULL)
188     {
189         p = p->next;
190         fprintf(fp, "│%-6s│%-10s│%-10s│%-10s│%.2lf   │\n",
191             p->bnum, p->bname, p->bauthor, p->bclassfy, p->bprice);
192         fprintf(fp, "└──────────────────────────────────┘\n");
193     }
194     fclose(fp);
195     printf("保存成功! \n");
196     printf("数据已成功保存到C:\\Users\\admin\\Desktop\\bookslist.txt\n");
197 }
198 //菜单
199 int menu()
200 {
201     int sec;
202     printf("             图书管理系统             \n");
203     printf("─────────────────────────── \n");
204     printf("          1-图书信息录入\n");
205     printf("          2-图书信息浏览\n");
206     printf("          3-图书信息查询\n");
207     printf("          4-图书信息修改\n");
208     printf("          5-图书信息删除\n");
209     printf("          6-图书信息保存\n");
210     printf("          7-退出\n");
211     printf("─────────────────────────── \n");
212     printf("请选择: ");
213     fflush(stdin);
214     scanf("%d", &sec);
215     while (sec > 7 || sec < 0)
216     {
217         printf("选择有误! \n请重新输入: ");
218         scanf("%d", &sec);
219     }
220     return sec;
221 }
```

main.c//测试文件

```
1  #include "StuManage.h"
2  #include <Windows.h>
3  int main()
4  {
5      BookInfo *head;
6      int sel;
```

```
7       head = NULL;
8       for (;;)
9       {
10          sel = menu();                           //输出菜单，并获取选择的功能
11          switch (sel)
12          {
13          case 1:
14              if (head == NULL)
15                  head = CreateBooksList();
16              Insert(head);
17              break;
18          case 2:Print(head); break;
19          case 3:Search(head); break;
20          case 4:Update(head); break;
21          case 5:Delete(head); break;
22          case 6:Save(head); break;
23          case 7:exit(0); break;
24          default:break;
25          }
26      }
27      return 0;
28  }
```

程序的运行结果如图 10-13 和图 10-14 所示。

图10-13 【案例5】运行结果——menu()函数

图10-14 【案例5】运行结果——图书信息录入

如图 10-15 所示，在一本书的信息添加成功之后，程序会询问用户是否继续添加，若用户选择 "Y" 或 "y"，程序将继续调用 Insert()函数，执行信息录入功能；若用户选择 "N" 或 "n"，

程序将返回选择菜单。

输入"y"再添加两条记录,之后输入"n"返回选择菜单,选择功能 2,浏览书单,则程序运行结果如图 10-15 所示。

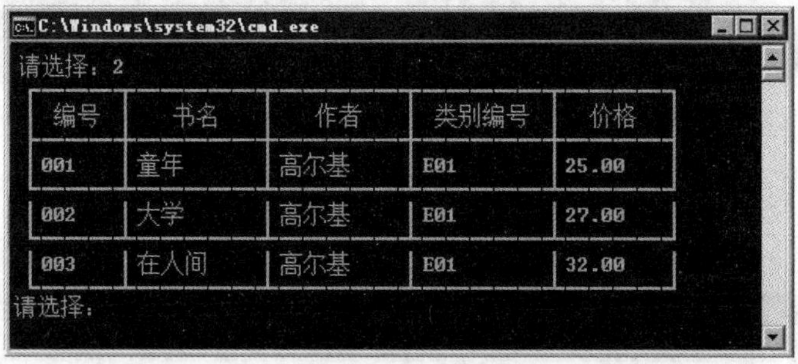

图10-15 【案例5】运行结果——图书信息浏览

若要查询某条记录,选择功能 3,根据提示输入要查询的书名。程序运行结果如图 10-16 所示。

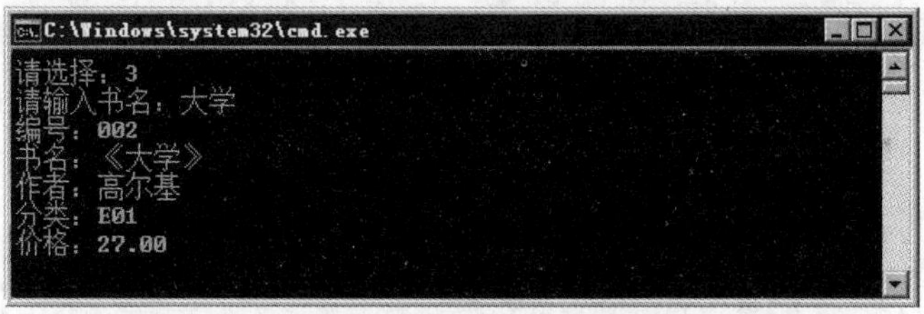

图10-16 【案例5】运行结果——图书信息查询

若要修改某条记录,选择功能 4,根据提示输入要修改的书名,再依次输入新的信息。程序运行结果如图 10-17 所示。

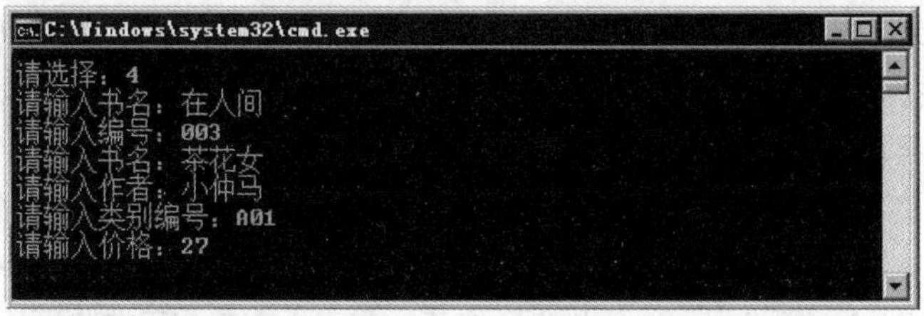

图10-17 【案例5】运行结果——图书信息修改

若要删除某条记录,选择功能 5,根据提示输入要删除的书名,程序将调用函数实现该书名对应记录的信息删除。程序运行结果如图 10-18 所示。

图10-18 【案例5】运行结果——图书信息删除

若要将链表中的记录保存到文件中,选择功能 6,程序将调用 Save()函数实现信息的本地存储。程序运行结果如图 10-19。

图10-19 【案例5】运行结果——图书信息保存

此时在桌面上应存在一个名为"bookslist"的文本文件,打开该文件,文件中的内容如图 10-20 所示。

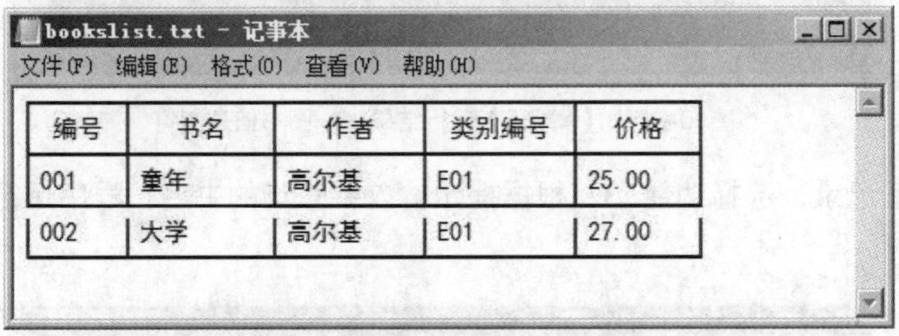

编号	书名	作者	类别编号	价格
001	童年	高尔基	E01	25.00
002	大学	高尔基	E01	27.00

图10-20 【案例5】运行结果——图书信息保存

3. 代码详解

本案例包含三个文件,分别为:StuManage.h、StuManage.c、main.c。

其中 StuManage.h 中的第 2~10 行代码定义了 BookInfo 类型的结构体,该结构体是存储图书信息的基本结构;第 11~18 行代码给出了 8 个函数声明,这 8 个函数声明与案例设计部分设计的功能一一对应。

文件 StuManage.c 中给出了 StuManage.h 中声明的函数的具体定义。

文件 main.c 中包含一个主函数,主函数中首先定义了一个 BookInfo*类型的指针 head,该指针将指向一个链表;其次定义了一个整型变量 sel,该变量用于接收 menu()函数的返回值,根据 StuManage.c 文件中第 199~221 行代码定义的 menu()函数可知,变量 sel 表示由 scanf()函数接收的数据,即用户选择的将要执行的功能的编号;main.c 文件中第 11~25 行代码为一个 switch 结构,该结构包含在 for 循环中,用于根据用户的选择执行不同的功能。

主函数的 switch 结构中第一个分支对应 menu()函数中显示的第一个功能——图书信息录入,在该分支中,若获取到的主函数中的 head 为空,表示链表尚未创建,程序将调用 CreateBooksList()函数创建一个空链表,之后再调用 Insert()函数执行信息录入功能。

在 Insert()函数中使用尾插法插入数据,在该函数中主要包含两个 while 循环,第一个 while 循环用来移动指针,第二个 while 循环根据用户的选择判断是否继续录入数据,并使用 scanf()函数设置数据信息。在 scanf()函数之前调用了 fflush()函数,其功能是清空缓冲区,防止缓冲区的残留数据对输入造成影响,该函数包含在头文件 stdio.h 中。

主函数的 switch 结构中的分支 2~5 分别为输出、搜索、修改、删除功能,对应 StuManage.c 函数中的 Print()、Search()、Update()、Delete()函数,这些函数对应链表的遍历、查询、修改和删除功能,此处不再详细讲解。

分支 6 为保存功能,该功能对应 Save()函数,该函数利用文件读写的基本知识,将链表中的数据个数和输入到文本文件中。

本章小结

　　本章主要讲解 C 语言中文件的相关概念，包括计算机中的流、文件的定义、文件的缓冲区、文件指针、文件的位置指针等，同时也讲解了文件的相关操作，如文件的打开与关闭、文件的读写、文件中信息的删除等。通过本章的学习，读者应掌握 C 语言中文件的基本知识与初级操作方式，并能够使用 C 语言代码操作文件。

【思考题】

1. 请简要描述你对文件流的理解。
2. 请总结文件的读写方式。

A
Appendix

The C Programming Language

附录 A
ASCII 码表

代码	字符	代码	字符	代码	字符	代码	字符
0		32	[空格]	64	@	96	`
1		33	!	65	A	97	a
2		34	"	66	B	98	b
3		35	#	67	C	99	c
4		36	$	68	D	100	d
5		37	%	69	E	101	e
6		38	&	70	F	102	f
7		39	'	71	G	103	g
8	退格	40	(	72	H	104	h
9	Tab	41	)	73	I	105	i
10	换行	42	*	74	J	106	j
11		43	+	75	K	107	k
12		44	,	76	L	108	l
13	回车	45	-	77	M	109	m
14		46	.	78	N	110	n
15		47	/	79	O	111	o
16		48	0	80	P	112	p
17		49	1	81	Q	113	q
18		50	2	82	R	114	r
19		51	3	83	S	115	s
20		52	4	84	T	116	t
21		53	5	85	U	117	u
22		54	6	86	V	118	v
23		55	7	87	W	119	w
24		56	8	88	X	120	x
25		57	9	89	Y	121	y
26		58	:	90	Z	122	z
27		59	;	91	[	123	{
28		60	<	92	\	124	|
29		61	=	93	]	125	}
30	-	62	>	94	^	126	~
31		63	?	95	_	127	

The C Programming Language

Appendix

B

附录 B
运算符的优先级和结合性

运算符	优先级	结合方向	含义	举例
()	最高 1	自左至右	圆括号运算符	(a-b)*3;
[]			下标运算符	arr[0] = 0;
.			结构体成员运算符	Stu.name;
->			结构体指针成员运算符	pStu->name;
!	2	自右至左	逻辑非运算符	!(a%3);
++、--			自增、自减运算符	a++、a--;
+			求正运算符	+5;
-			求负运算符	-5;
*			间接运算符	*p;
&			取址运算符	&a;
(类型名)			强制类型转换运算符	(int)x;
sizeof			求所占字节数运算符	sizeof(int);
*、/、%	3	自左至右	乘、除、求余运算符	a*b/c;
+、-	4	自左至右	加、减运算符	a+b-c;
<、<=、>、>=	6	自左至右	小于、小于等于、大于、大于等于运算符	a>=b;
==、!=	7	自左至右	等于、不等于判断运算符	a==b;
&&	11	自左至右	逻辑与运算符	a>0 && a<3;
||	12	自左至右	逻辑或运算符	a>0 || a<-2;
? :	13	自右至左	条件运算符	a>0?1:0;
= +=、-=、*=、/=、%=	14	自右至左	赋值运算符	a=b; a+=b;
,	最低 15	自左至右	逗号运算符	a=2,b=2;

The C Programming Language

C Appendix

附录 C
常用字符串处理函数

常用的字符串处理函数（包含在"string.h"中）

函数名	函数原型	功能	返回值
strcat	char*strcat(char* s1, char* s2);	将字符串 s2 连接到字符串 s1 后面；调用时应保证 s1 的空间足够大，能存入 s1 和 s2 两个字符串的内容；	返回 s1 指针
strchr	char*strchr(char*s, int c);	在 s 字符串中找出字符 c 第一次出现的位置；	找到返回该位置的地址；否则返回 NULL；
strcmp	int strcmp(char* s1, char* s2);	比较 s1 与 s2 字符串的大小	s1>s2，返回负数 s1=s2，返回 0 s1<s2，返回正数
strcpy	char*strcpy(char* s1, char* s2);	将字符串 s2 复制到 s1 指向的内存空间，s2 必须是以'\0'终止的字符串指针	返回 s1 指针
strlen	int strlen(char* s);	求字符串 s 的长度	返回有效字符个数
strncat	char*strncat(char*s1, char*s2, int n);	将字符串 s2 中的前 n 个字符连接到 s1 字符串后面	返回 s1 指针
strncmp	int strncmp(char*s1, char*s2, int n);	比较 s1 字符串和 s2 字符串前 n 个字符的大小	s1>s2，返回负数 s1=s2，返回 0 s1<s2，返回正数
strncpy	char*strncpy(char*s1,char* s2, int n);	将 s2 的前 n 个字符复制到 s1 中，s2 必须是以'\0'终止的字符串指针	
strstr	char*strstr(char* s1,char* s2);	在字符串 s1 中查找字符串 s2 第一次出现的位置	找到返回该位置的地址；否则返回 NULL；
strupr	char*strupr(char* s);	将字符串 s 变量为大写字母	返回 s 指针

Appendix

D

The C Programming Language

附录 D
常用内存操作函数

常用的内存操作函数（包含在"stdlib.h"中）

函数名	函数原型	功能	返回值
malloc	void *malloc(unsigned size);	分配一个 size 个字节的内存空间	成功返回分配内存块的首地址，失败返回 NULL.
calloc	void *calloc(unsigned num, unsigned size);	分配 num 个数据项的内存空间，每个数据项占 s 个字节	成功返回分配内存块的首地址，失败返回 NULL.
realloc	Void *reallco(void *p,unsigned num);	将 p 所指的内存区的大小改为 num 个字节	新分配内存空间的地址，如不成功返回 0
memset	void *memset(void *buffer,int c, int count);	用 c 来初始化 buffer 所指定的内存空间的前 count 个字符	返回指向 buffer 的指针
memcpy	void *memcpy(void *dest,void *src,unsigned int count);	拷贝 src 指向的内存空间的前 count 个字符到 dest 指向的内存空间中	指向 dest 的指针
memmove	void *memmove(void *dest,void *src,unsigned int count);	移动 src 指向的内存空间的前 count 个字符到 dest 指向的内存空间中	指向 dest 的指针
memcmp	int memcmp(void *buf1,void *buf2,unsigned int count);	比较 buf1 和 buf2 所指向内存的前 count 个字符是否相等	当 buf1<buf2 时，返回<0；当 buf1=buf2 时，返回 0；当 buf1>buf2 时，返回>0.
free	void free(void *p);	释放 p 所指的内存区域	无

The C Programming Language

常用的文件操作函数（包含在"stdio.h"中）

函数名	函数原型说明	功能	返回值
fclose	int fclose(FILE* fp)	关闭 fp 所指的文件，释放文件缓冲区	出错返回非零值，否则返回 0
feof	int feof(FILE* fp)	判断文件是否结束	文件结束返回非零值，否则返回 0
fgetc	int fgect(FILE* fp)	从 fp 所指文件中读取下一个字符	出错返回 EOF，否则返回读取字符的 ASCII 码
fgets	char* fgets(char* b,int n, FILE*fp)	从 fp 所指文件中读取长度为 n-1 的字符串，并存入 b 所指存储区	返回 b 所指储区的地址，若遇文件结束或出错返回 NULL
fopen	FILE*fopen(char*filename, char*mode)	以 mode 指定的访问方式打开文件名为 filename 的文件	打开成功则返回文件信息区的起始地址，否则返回 NULL
fprintf	int fprintf(FILE* stream, char* format[, argument, ...])	将 argument 中的值以 format 指定的格式输出到 fp 所指文件中	返回实际输出的字符数
fputc	int fpuc(char c,FILE* fp)	将 c 中的字符存放到 fp 所指文件中	成功返回该字符，否则返回 EOF
fputs	int fputs(char* s,FILE* fp)	将 s 所指字符串存放到 fp 所指文件中	成功返回非零值，否则返回 0
fread	int fread(void* ptr,int size,int n, FILE* fp)	从 fp 所指文件中读取长度为 size 的 n 个数据块并存入 ptr 所指内存空间中	返回读取的内存块个数，若遇文件结束或出错返回 0
fscanf	int fscanf(FILE* fp, char* format[, argument, ...])	从 fp 所指文件中按 format 指定的格式把输入数据存入 argument 所指内存空间中	已输入的数据个数，遇到文件结束或出错返回 0
fseek	int fseek(FILE* fp,long offset, int base)	移动 fp 所指文件的位置指针	成功返回当前位置，否则返回−1
ftell	long ftell(FILE* fp)	求出 fp 所指文件当前的读写位置	读写位置
fwrite	int fwrite(void* ptr,int size,int n, FILE* fp)	把 ptr 所指的 size * n 个字节输出到 fp 所指文件中	输出的数据块个数
getch	int getch(void)	从标准输入设备读取一个字符，但不回显到屏幕上	返回所读字符，若出错或文件结束返回−1
getchar	int getchar(void)	从标准输入设备读取一个字符	返回所读字符，若出错或文件结束返回−1
gets	char* gets(char* s)	从标准输入设备读取一个字符串	返回 s

续表

函数名	函数原型说明	功能	返回值
printf	int printf(char* format[, argument, ...])	把 argument 的值以 format 指定的格式输出到标准输出设备	输出字符的个数
putchar	int putchar(char c)	把 c 存放的字符输出到标准输出设备	返回输出的字符，若出错返回 EOF
puts	int puts(char* s)	把 s 所指字符串输出到标准输出设备，并追加换行符	返回非负值，若出错返回 EOF
scanf	int scanf(char* format[, argument, ...])	从标准输入设备按 format 指定的格式把输入数据存放到 argument 所指内存空间中	返回已输入的数据个数，出错返回 0